全国住房和城乡建设职业教育教学指导委员会建筑与规划类专业指导委员会规划推荐教材

建筑模型设计与制作

（建筑设计专业适用）

本教材编审委员会组织编写
孟春芳　主　编
季　翔　主　审

中国建筑工业出版社

图书在版编目（CIP）数据

建筑模型设计与制作／孟春芳主编．—北京：中国建筑工业出版社，2010.9（2023.3 重印）
全国住房和城乡建设职业教育教学指导委员会建筑与规划类专业指导委员会规划推荐教材（建筑设计专业适用）
ISBN 978-7-112-12471-8

Ⅰ．①建… Ⅱ．①孟… Ⅲ．①模型（建筑）－设计②模型（建筑）－制作
Ⅳ．① TU205

中国版本图书馆CIP数据核字（2010）第187159号

本书为全国住房和城乡建设职业教育教学指导委员会建筑与规划类专业指导委员会规划推荐教材中的一本。按照建筑模型设计制作的职业能力要求，分“基础知识篇”、“设计制作篇”和“拍摄欣赏篇”三个模块进行讲述，每个模块设置相应的学习单元、案例分析、单元课业，并结合大量图片，系统、直观、全面地介绍了建筑模型设计与制作的相关知识，是建筑设计、城乡规划、园林工程技术、建筑室内设计等专业进行模型制作的指导教材，也可作为从事模型设计制作人员的参考用书。

为更好地支持本课程的教学，我们向采用本书作为教材的教师免费提供教学课件，有需要者请与出版社联系，邮箱：jckj@cabp.com.cn，电话：01058337285，建工书院：http://edu.cabplink.com（PC端）。

责任编辑：杨　虹　尤凯曦
责任校对：李欣慰　李美娜

全国住房和城乡建设职业教育教学指导委员会建筑与规划类专业指导委员会规划推荐教材
建筑模型设计与制作
（建筑设计专业适用）
本教材编审委员会组织编写
孟春芳　主编
季　翔　主审
*
中国建筑工业出版社出版、发行（北京海淀三里河路9号）
各地新华书店、建筑书店经销
北京嘉泰利德公司制版
北京中科印刷有限公司印刷
*
开本：787×1092毫米　1/16　印张：$8^3/_4$　字数：210千字
2017 年 12 月第一版　2023 年 3 月第三次印刷
定价：30.00元（赠教师课件）
ISBN 978-7-112-12471-8
（30819）

编审委员会名单

前　言

建筑模型作为图纸与实体之间的桥梁，直观地向人们传递着设计者的思想。随着我国城市的快速发展和建筑数量的剧增，人们对房产业的要求越来越高，模型市场需求越来越大。而建筑模型设计制作员作为国家职业资格证书推行中的一门新兴职业，其对应职业能力的学习成为必然。目前国内院校没有与本职业相关的专业设置，只有部分院校的建筑学专业有相关课程。鉴于这种状况，对于设置建筑设计、城乡规划、小区规划、园林景观设计、室内设计等专业的高等职业院校学生，学习这一技能是非常有必要的。

为此，本书按照建筑模型设计制作的职业能力要求，分为“基础知识篇”、“设计制作篇”、“拍摄欣赏篇”三大模块讲述。每一模块设置相应的学习单元，在学习单元中结合大量图片，系统、直观、全面地介绍了建筑模型设计与制作的相关知识，并通过相应的案例分析，布置相应的单元课业，对课业作出说明、要求、过程提醒等，可操作性强。本书是建筑设计技术、城乡规划、园林工程技术、建筑室内设计等专业进行模型制作的指导教材，也可供模型设计制作人员参考。

本书在编写过程中，得到徐州翔宇模型制作公司、上海睿合模型公司徐州分公司的大力支持与协助，江苏建筑职业技术学院建筑设计2004级、2005级、2007级学生、装饰2005级学生为本书的撰写提供了许多作品素材。正是有了他们的帮助和支持，本书才会得以丰富充实。为此表示衷心的感谢。另外，江苏建筑职业技术学院建筑设计学院领导和同事在本书的编写过程中也给予了很多关心和帮助，在此一并致谢。

本书由江苏建筑职业技术学院孟春芳统稿完成。

由于作者水平有限，文中难免存在缺点和不足，恳请专家、老师、同学批评指正。

编者

目　录

1

模块一　基础知识篇

第一单元　建筑模型设计制作员职业概述

随着我国城市的快速发展和建筑数量的剧增，人们对房地产业的要求越来越高，模型市场需求越来越大。在 2006 年国家劳动和社会保障部公布的第二批新职业中，建筑模型设计制作员（劳社厅发 [2006]33 号，职业编码为 X2—10—07—13）名列其中成为一门新兴职业。国家职业标准也在 2007 年 4 月出版发行（图 1—1、图 1—2）。

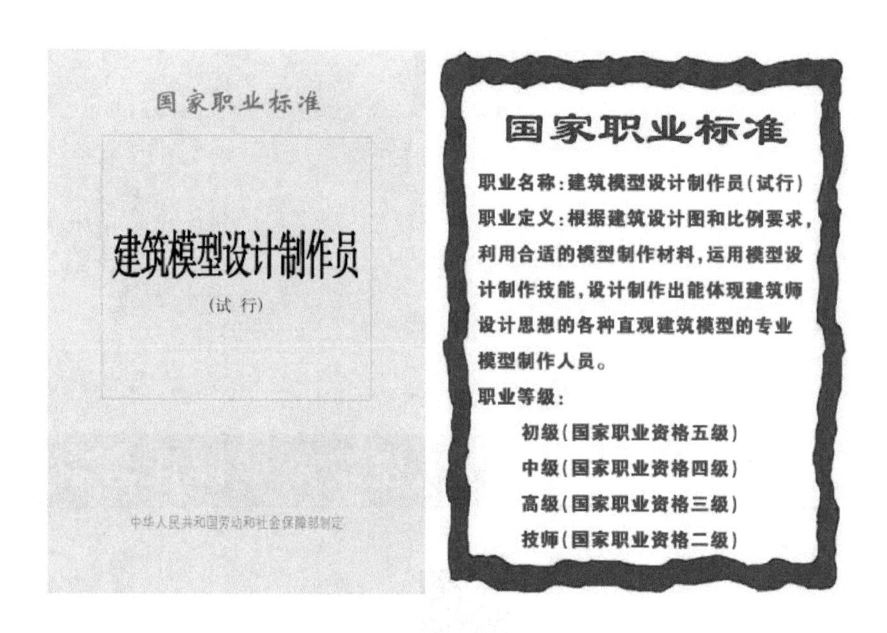

国家职业标准

职业名称：建筑模型设计制作员（试行）

职业定义：根据建筑设计图和比例要求，利用合适的模型制作材料，运用模型设计制作技能，设计制作出能体现建筑师设计思想的各种直观建筑模型的专业模型制作人员。

职业等级：

初级（国家职业资格五级）

中级（国家职业资格四级）

高级（国家职业资格三级）

技师（国家职业资格二级）

图 1—1　模型设计制作员职业（左）
图 1—2　模型设计制作员职业标准（右）

学习目标：

1. 了解建筑模型设计制作员的职业定义；
2. 了解建筑模型设计制作员的职业标准；
3. 了解建筑模型设计制作员的职业能力要求；
4. 了解建筑模型设计制作员的职业岗位情况；
5. 了解建筑模型项目的市场运作及发展。

[相关知识]

1.1　关于建筑模型设计制作员职业

建筑模型设计制作员的职业定义：根据建筑设计图和比例要求，选用合适的模型制作材料，运用模型设计制作技能，设计制作出能体现建筑师设计思想的各种直观建筑模型，向非专业人员展示。

职业等级：该职业资格共分五级，包括建筑模型设计员、高级建筑模型设计员、助理建筑模型设计师、建筑模型设计师、高级建筑模型设计师。相关证书如图 1—3、图 1—4 所示。

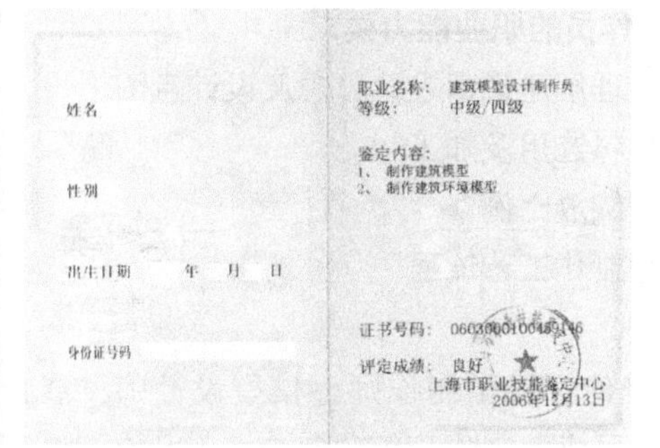

图 1–3 职业资格证书样本 1（左）
图 1–4 职业资格证书样本 2（右）

申报条件：（具备下列条件之一）

1. 建筑模型设计员：

（1）中专、职高以上或同等学力应届毕业生；

（2）有相关实践经验者。

2. 高级建筑模型设计员

（1）已通过建筑模型设计员资格认证者；

（2）大专以上或同等学力应届毕业生；

（3）从事相关工作一年以上者。

3. 助理建筑模型设计师

（1）已通过高级建筑模型设计员资格认证者；

（2）本科以上或同等学力学生；

（3）大专以上或同等学力应届毕业生并有相关实践经验者；

（4）中专、职高以上或同等学力并从事相关工作一年以上者。

4. 建筑模型设计师

（1）已通过助理建筑模型设计师资格认证者；

（2）研究生以上或同等学力应届毕业生；

（3）本科以上或同等学力并从事相关工作一年以上者；

（4）大专以上或同等学力并从事相关工作两年以上者。

5. 高级建筑模型设计师

（1）已通过建筑模型设计师资格认证者；

（2）研究生以上或同等学力并从事相关工作一年以上者；

（3）本科以上或同等学力并从事相关工作两年以上者；

（4）大专以上或同等学力并从事相关工作三年以上者。

发证机构：经职业技能鉴定、认证考试合格者，颁发加盖全国职业资格认证中心（JYPC）职业技能鉴定专用章钢印的《注册职业资格证书》。权威证书，政府认可，电子注册，网上查询，全国通用，就业有效。

考试时间：每年统考四次，时间为 4 月、6 月、10 月和 12 月。具体考试日期、地点、方式，由考生所在地的考试机构或培训机构另行通知。

建筑模型设计制作员的职业能力要求：

1. 读懂建筑图，理解建筑师设计思想及设计意图；
2. 能够对模型材料选用及加工；
3. 能够计算模型缩放比例；
4. 能够制定模型制作工艺流程；
5. 能够制作模型。

职业岗位主要是建筑模型制作师、模型设计师、展台布置装潢公司模型制作工、房地产公司模型制作工等。其中，70%的建筑模型制作员就业于模型制作公司；15%左右的建筑模型制作员就职于各类展台布置装潢公司；10%的建筑模型制作员开设独立的建筑模型设计制作工作室；5%左右人员分布在各大设计院、设计公司、设计师事务所。随着我国城市建设的发展，职业前景良好，尤其在我国的一些大城市如上海、广州、北京、成都等这一现象更加突出。

1.2 建筑模型项目的市场运作及发展

目前，随着我国城镇化建设的加快，建筑设计业、房地产业也高速发展，许多模型以其形象直观艺术的特点为企业赢得了市场和效益，因而，大大小小的专业模型公司应运而生。通常专业模型公司会设有设计部、制作部、财务部、市场部、售后服务部、采购部等部门来进行模型项目的运作，如图 1–5 所示。

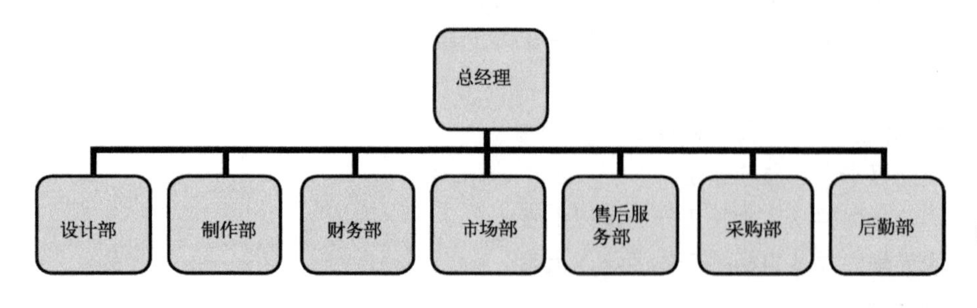

图 1–5 专业模型公司机构组成

模型制作项目是一项比较复杂的工程项目，承接、设计、材料准备、组织制作、拍摄验收、运输安装等各个环节的工作都十分具体。首先，是由甲方（客户）向乙方（承制方）提供设计制作委托书，在委托书中要注明模型的名称、规模、材料要求、制作标准和特殊要求，以及工程期限、付款方式等。根据委托书，乙方（承制方）拟订设计制作方案，供甲方（客户）选择，比较选择后确定设计制作的目标任务，对模型制作的材料名称、产地、数量等情况进行确定，开始安排人员进行模型各部分的分项制作。各部分制作完成后，进行模型装配、调整、运输、安装等。如图 1–6 ~ 图 1–11 所示。

图 1–6　模型设计师在设计制图

图 1–7　建筑模型制作

图 1–8　环境模型制作

图 1–9　模型细部刻画

图 1–10　模型灯光电路的铺设

图 1–11　模型运输

具体流程如下：

1. 甲方提出具体要求，甲乙双方共同制订方案，签订合同。
2. 甲方提供模型制作所需的资料，乙方根据所得资料与甲方交流。
3. 乙方整理资料，甲方进行技术交底及局部补充，并提出相关意见。
4. 乙方根据资料设计制图并开始制作。
5. 总平面图纸设计完成，经甲方签字认可开始底盘制作。
6. 乙方进行建筑形体设计制作。
7. 甲乙双方商定灯光展示内容。
8. 乙方进行声、光、电设计编程。
9. 模型制作中期甲方现场指导，对模型加以完善。
10. 乙方进行模型底盘设计及结构的施工。
11. 乙方进行电路设计、底盘电路施工。
12. 模型制作完成甲方验收，乙方运送至目的地。
13. 模型现场总装。
14. 模型局部调整，光、电全面调整。
15. 安装玻璃防尘罩。
16. 模型验收合格。

近年来，由于社会生活和科学技术的进步，新技术、新材料、新工艺的不断涌现和计算机的应用，CAC（电脑数字控制简称）模型制作已成为趋势。利用 CAC 系统进行模型制作的精度和效率都获得了极大提高，光导纤维、光学动感画、发光二极管、霓虹灯等新型电光源在模型中广泛应用，建筑模型在声、光、电、色、形方面更具有观赏性与研究性，如图 1–12 ~ 图 1–15 所示。

图 1–12 锦溪栖枫商业街模型（左）
图 1–13 宿迁明日星城小区模型（右）

图 1–14 徐州市水利模型（左）
图 1–15 和多媒体结合的徐州新城区规划模型（右）

[单元小结]

建筑模型设计制作员作为新兴职业，对建筑市场的发展起着一定的推动作用。而相应的，市场也对建筑模型设计制作人员的职业能力提出了更高的要求。了解与本门课程相关的职业情况，对建筑设计技术专业的模型设计制作是非常必要的。本单元主要对建筑模型设计制作员职业的职业定义、职业标准、职业能力以及当前模型市场的运作模式进行了概述。

[单元课业]

课业名称：对模型市场进行调研。

时间安排：共计 1 周（每周 8 ～ 10 学时连上）。

课业说明：以 4 ～ 6 人为单位小组，按要求完成课业内容。

课业要求：以小组为单位提交调研报告，字数不少于 3000 字，图文并茂，要求注明调研地点、日期、调研人员等。

课业过程提醒：

1. 调研过程中注意文明、礼仪形象。
2. 着重对模型公司状况进行调研。

第二单元　建筑模型设计与制作相关知识准备

什么是模型？我们知道，在各行各业的设计交流过程中，为了表达我们的设计思想，我们往往会采用制图的形式，而二维平面的图纸阅读对非专业人员来说，却又是抽象的，不便于理解的。同时，在竞争激烈的市场条件下，直观快捷地让别人理解我们的设计思路、理念、方法，更是抢占先机的必要手段。于是，模型作为设计理念的具体表达，就成为设计表现的一种重要手段。模型依据实物、设计图纸、设想等某一形式或内在的联系，按照一定的比例、形态或其他特征制成的同实物（或虚物）相似的物体，将设计的二维平面转化为三维空间的立体造型呈现在大家的眼前，有效地解决了人们对设计项目空间的理解、观测、分析、研究等问题，通常具有展览、观赏、绘画、摄影、试验或观测等用途。

根据模型市场需要的不同，不同的行业领域有不同的模型，如：建筑模型、工业产品模型、航空航海模型、军事模型、场景模型、食品模型、生物模型等。其中，建筑模型以其直观艺术的造型形象在市场中的影响很大（图 2–1 ~ 图 2–5）。

图 2–1　建筑模型（左）
图 2–2　工业产品模型（中）
图 2–3　航空航海模型（右）

图 2–4　场景模型（左）
图 2–5　食品模型（右）

学习目标：

1. 了解建筑模型的类型、作用；
2. 了解设计图与模型设计制作之间的关系；
3. 了解形态构成、色彩、肌理等视觉元素在建筑模型设计的作用；
4. 了解计算机技术在建筑模型设计制作中的应用；

5. 了解建筑模型制作中的工艺与工具、设备的关系；

6. 熟悉各类建筑模型制作材料的特性及表现效果。

[相关知识]

2.1 建筑模型的类型、作用

对于建筑模型的种类来说，很难从一个角度对其作全面的分类归纳。比如，从用途来划分有设计模型、表现模型、展示模型、特殊模型等；从内容来划分，又有港口码头模型、园林模型、建筑模型、小区模型、桥梁模型等；从制作工艺来说，有电脑制作模型、手工模型、机械制作模型；从材料来说，有纸质模型、木质模型、塑料模型等。无论哪种划分方式，都是为了方便应用。具体划分和适用情况如下：

1. 按照模型的表现形式和用途划分

(1) 方案模型　包括单体模型和群体模型。

作用：分析现状、推敲设计构思、论证方案可行性。

(2) 展示模型　包括单体模型和群体模型。

作用：展示设计师的最终成果。

(图 2–6、图 2–7)

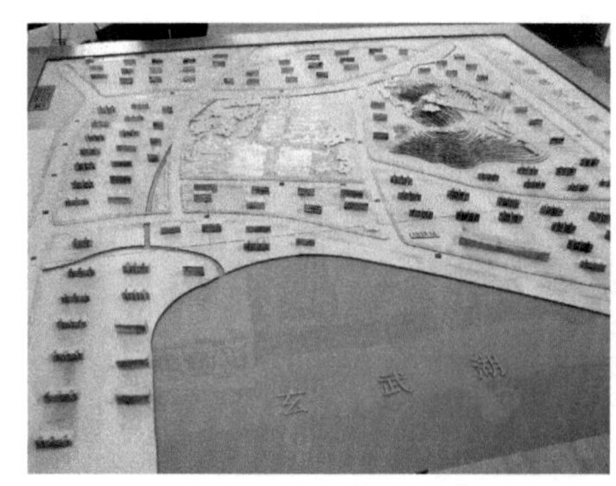

图 2–6　方案模型(左)
图 2–7　展示模型(右)

2. 按照模型制作过程划分

(1) 概念模型　用于设计草案阶段，制作精度要求不高，能够表达概念即可。

(2) 工作模型　用于设计阶段中期，制作条件相对固定，呈现出主要的形式特征有一定的可更替性。

(3) 执行模型　用于设计阶段终期，制作条件相对固定，表达清楚，达到应有的设计效果。一般为展示模型。

3. 按照模型制作材料划分

(1) 纸质模型

优点：造价低廉、易加工、粘结容易、质感较好。

缺点：易受潮、变形，不宜长期保存。

适用范围：构思训练、短期实体模型、简易模型等。

如图 2–8 所示。

(2) 塑料模型

1) 吹塑纸模型

优点：质地松软、色彩柔和、造价低廉、容易加工。

缺点：质感不强、易变形，不宜长期保存。

适用范围：构思训练、短期实体模型、简易模型等。

2) 泡沫塑料模型

优点：材质轻、造价低、易加工。

缺点：质地粗糙、不够精细、不着色、易被腐蚀。

适用范围：大体量穿插关系的模型、方案模型、地形地貌的制作等。

3) 有机玻璃、ABS 工程塑料、PVC 板模型

优点：强度高、表面光洁、色彩丰富、质感强、精细高档。

缺点：造价高、加工难度大。

适用范围：长期展出模型、收档存查模型、重要场合的模型等。

如图 2–9、图 2–10 所示。

(3) 木质模型

优点：艺术效果好、粘结容易、质感较好。

缺点：造价高、不易加工。

适用范围：古建筑模型、结构模型等。

如图 2–11 所示。

(4) 金属模型

优点：艺术效果好、精细度高、质感较好。

缺点：造价高、不易加工。

适用范围：结构模型等。

(5) 复合材料模型

大多数由多种材料组合而成的复合材料模型，可达到需要的效果。

与二维形态的效果图、三视图、施工图相比，模型以三维立体形态来达到展示、说明、宣传设计成果的目的，更能让人了解设计，甚至为之心动。因此，模型具有直观性、时空性、表现性等特点。根据模型的概念，建筑及环境模型就是针对我们周围的建筑及环境进行设计的模型制作，就是运用多种现代技术、材料与加工工艺手段，以特有的缩微形象，创意逼真地表现出都市、小区、建筑物、建筑内外的空间立体效果。它是进行城市规划设计、工程报批、房地产开发、商品房销售宣传、招商合作、

图 2–8　纸质模型

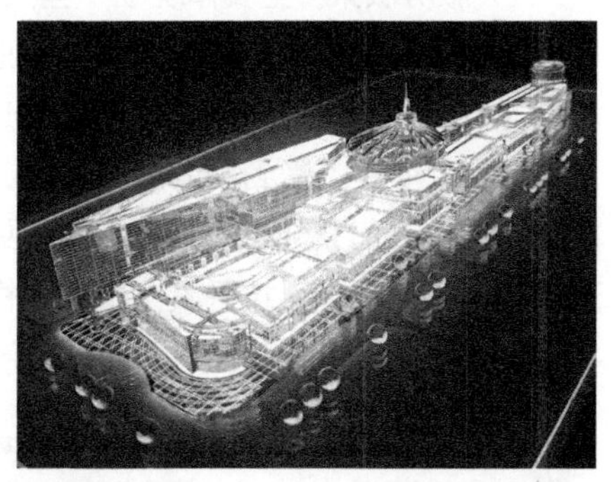

图 2–9　有机玻璃模型

图 2–10　PVC 板模型

图 2–11　木质古建筑模型

了解评价的有效展示媒介。从实用功能的角度来说，模型具有以下作用：

（1）完善设计构思。主要体现在设计过程中，此时一个粗略的模型就可以帮助我们来进一步推敲、修改、完善设计方案，好比是一个立体草图。

（2）表现设计效果。主要在一些大型工程的设计完成之后，通过模型展示、传递有关设计项目的设计思路、综合效果等。这种作用在项目报批及房地产建设中最为突出。

（3）指导施工。主要表现内部结构比较复杂，不易从图纸中阅读的情况。此时，如果有立体的局部模型做指导，无疑会带来很大方便。

（4）服务决策。主要体现在一些大型工程的规划和一些新产品的研发阶段。同时，在房地产业中对购房消费者来说，模型所展现出来的效果更是不容忽视。

从欣赏的角度讲，模型是一种经过再次设计的造型艺术，可以让我们感到身心愉悦，心灵上受到美的感染教育。比如，一些规划模型、建设成就的展示模型可以使我们充分感受到"明天会更美好"的宏伟激情；在一些建筑名胜古迹现场，利用现代科技手段，精致的模型配备上相应的声、光、影视等动态的氛围效果，足以使我们的心灵穿越时空感受到祖先的智慧（图 2–12、图 2–13）。

图 2–12　南京出土的陶屋模型（左）
图 2–13　城市规划模型（右）

总之，模型作为一种直观交流的表现手段，从古至今，涉及我们生活的各个方面。从我国不少地方出土的陶屋院落到 2008 年奥运会的场馆设计，从企业产品的开发到商业文化的展示，从军事指挥的军事沙盘到探索宇宙空间的发展……模型为我们了解历史提供了视觉上的感知，为我们在政治、军事、经济、商业等方面的重大决策提供了有效判断。也正是各种各样的模型改变和丰富了我们对世界万物的认识。

2.2　设计图的识读

模型的一个重要作用就是准确表达设计效果，是一个由二维转化为三维空间的直观表现手段，因而，对于模型制作者来说，要准确地表达设计图纸数据信息，生动表现设计意图，设计图的识读就显得非常重要。

通常来说，设计图纸的表达中，有效果图和设计施工图之分。效果图往往是用透视的原理绘制而成，符合人的视觉特征，看起来就像照片一样逼真，不难理解，在构思模型的材质和色彩时可以参考。但效果图并不能度量出模型制作所需要的尺寸。因此，进行模型设计制作时，要将设计图的思想转化成立体的模型，识读能反映相关数据尺寸的设计施工图就是一项必需的工作。也只有在能够识读设计施工图的基础上，我们才能确定模型各部分的位置，理解图纸的含义，才会设计制作出精彩的模型。那么，如何进行设计图的识读？建议要领如下：

1. 要理解设计图的绘制原理。

进行模型制作的总平面图、平面图、立面图等设计图，是根据正投影的原理绘制的。即假想当投射线（可看作光线）相互平行并与假想的投影面垂直时，得到的形体投影图就称该形体的正投影图，如图 2–14 所示。当投影面是水平方向放置时，从上向下投射就会得到该形体的水平投影图；当投影面是竖直方向放置时，从前（左）向后（右）投射就会得到该形体的正（侧）立面投影图。那么，根据正投影的原理，建筑总平面图就是用水平投影的方法和相应图例画出的图样，是建筑在基地范围内的总体布置图。主要表明新建房屋及其周围建筑的平面轮廓形状、位置、朝向、层数、相互间距和周围环境如地形地貌、道路和绿化情况。其中，层数是用小黑点或数字标注在房屋的平面轮廓线内右上角位置。其他环境因素可以结合总平面图相关图例阅读，如图 2–15 所示。规划总平面图和园林景观总平面图的形成同建筑总平面完全一样，只不过表明的内容有所不同，侧重点不同而已。

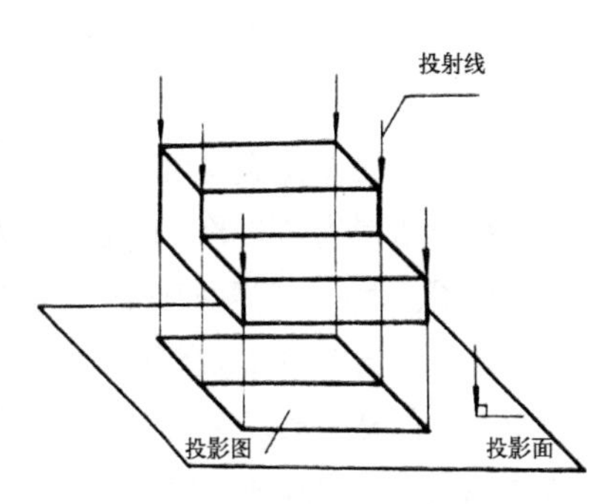

图 2–14　正投影图的概念

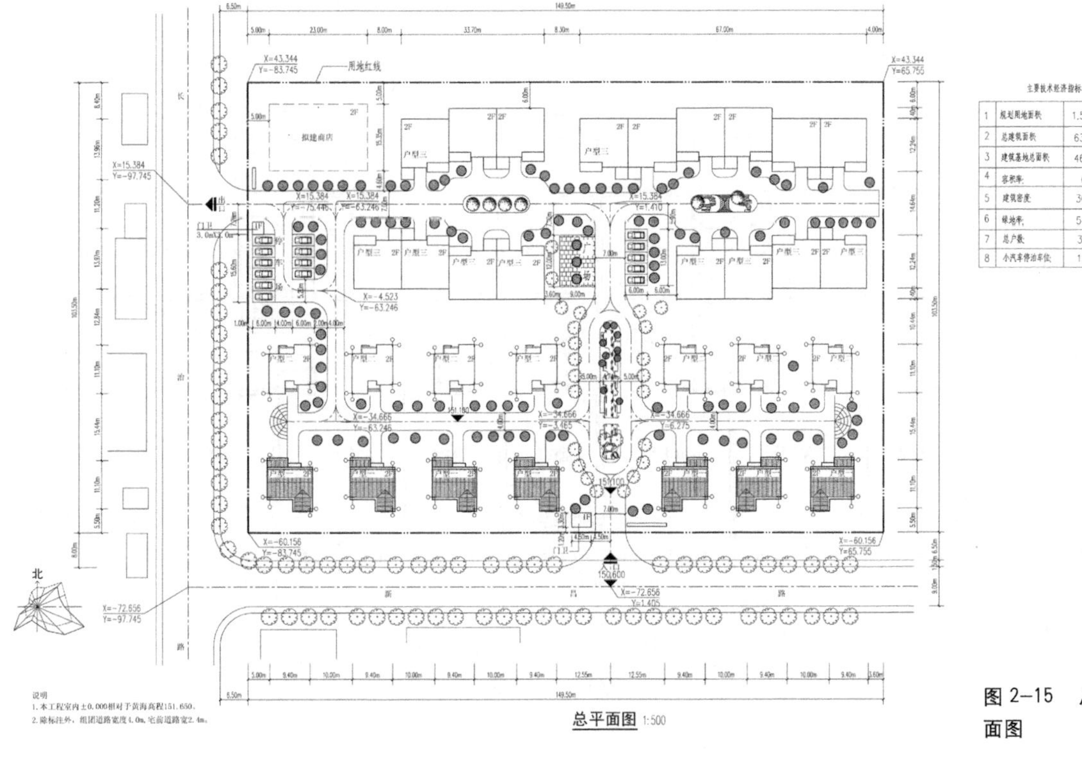

主要技术经济指标

1	规划用地面积	1.54公顷
2	总建筑面积	6362M²
3	建筑基地总面积	4650M²
4	容积率	0.41
5	建筑密度	30.2%
6	绿地率	54.9%
7	总户数	33户
8	小汽车停泊车位	15辆

图 2–15　总平面图

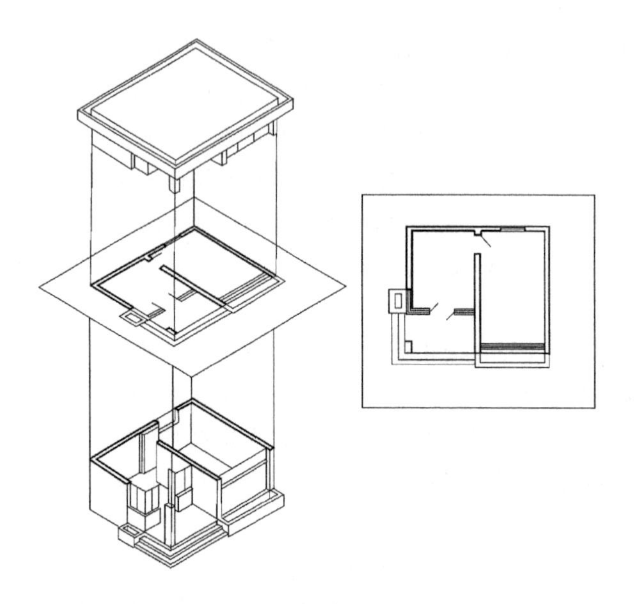

图 2–16　建筑平面图形成过程

建筑平面图就是假想用一水平剖切面经门、窗洞将房屋剖切后，从上向下投射做正投影所得到的图形。它主要反映房屋的平面形状、大小，房间的布置，墙或柱的位置、大小、厚度和材料，门窗的类型、位置等情况，如图 2–16、图 2–17 所示。建筑平面图中外部的第一道尺寸表示建筑物外墙门窗洞口等各细部位置的大小及定位尺寸；第二道尺寸表示定位轴线之间的尺寸。其中，相邻横向定位轴线之间的尺寸称为开间，相邻纵向定位轴线之间的尺寸称为进深；第三道尺寸表示建筑物外墙轮廓的总尺寸，从一端外墙边到另一端外墙边的总长和总宽。

图 2–17　建筑底层平面图 1 ：100

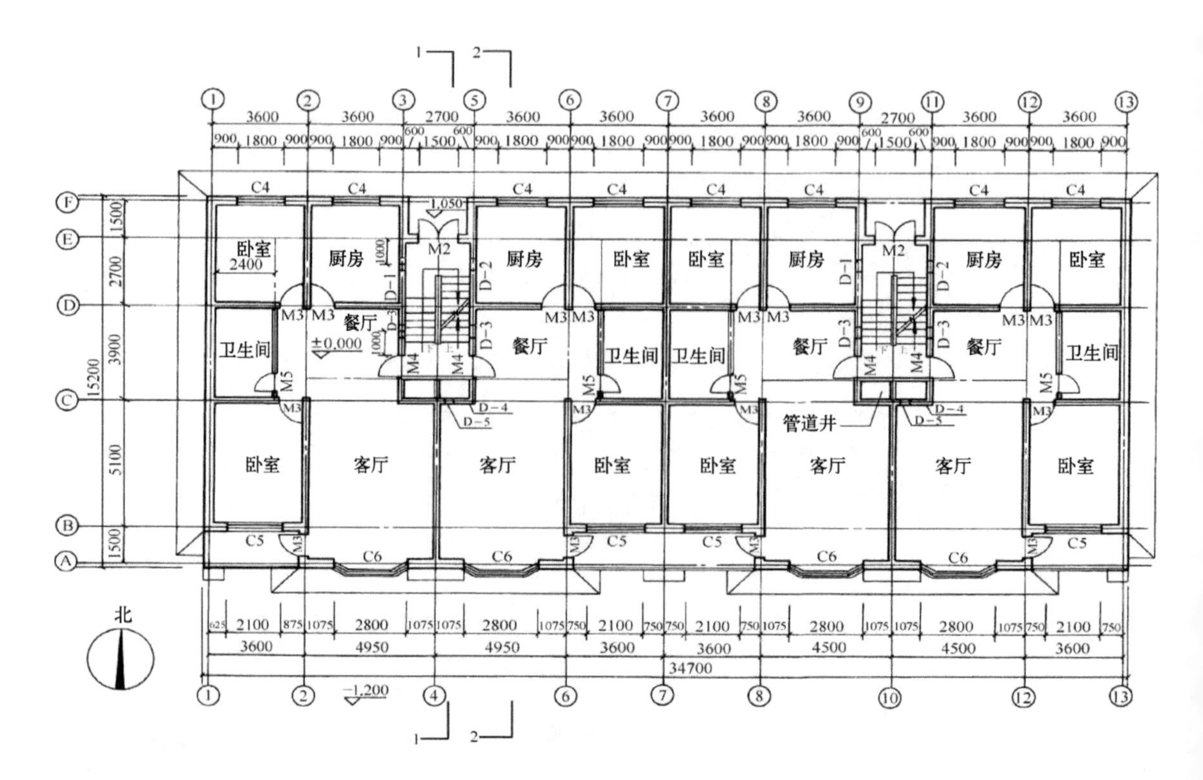

建筑立面图是由将房屋向与其立面平行的投影面做正投影得到的，主要反映房屋的外貌和立面装修的一般做法，如图 2—18、图 2—19 所示。

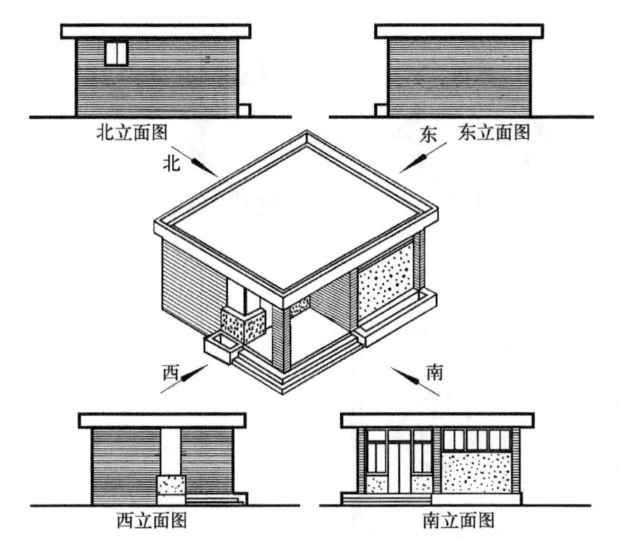

图 2—18　建筑立面图的形成过程

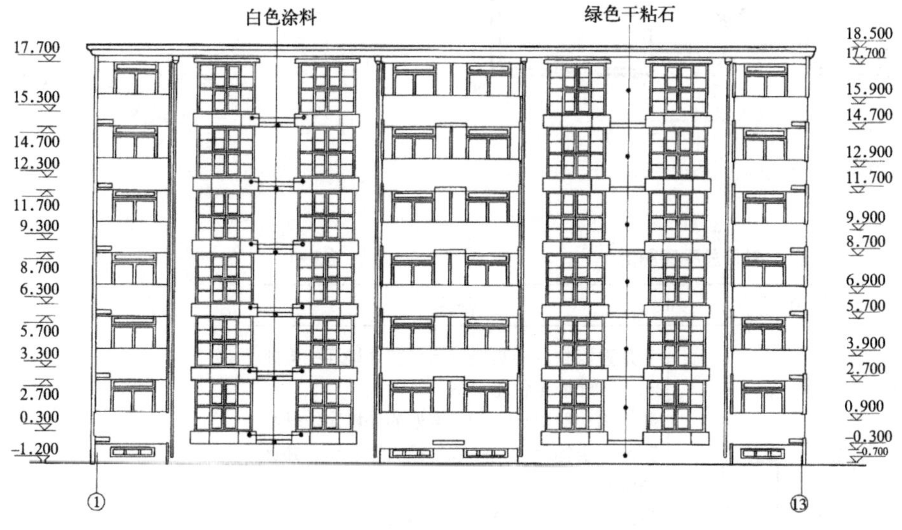

图 2—19　建筑立面图

按照正投影原理绘制的总平面图、平面图、立面图等设计图，可以准确反映物体的形状与尺寸，但任何单张的设计图反映的只是一个二维向量。要想根据设计图设计制作出立体的模型，准确表达设计意图，还需要将多个设计图联系起来看才能想象出所做模型的空间形象。比如，建筑外墙上的门窗位置、形状和大小尺寸的问题，我们可以由建筑平面图来阅读出门窗的位置、宽度，而通过阅读建筑立面图才能确定出门窗的高度。对于建筑所处位置、周围环境、地形地貌、道路和绿化情况等信息，则一定要看总平面图。

2. 要理解设计图中的有关符号、图例含义。设计图中常见的符号和图例如下：

图 2—20 指北针符号，用来表明建筑及空间的方位关系。

图 2—21 室内内视符号，一般用在装饰平面布置图中，如图 2—22 所示，用以表达室内装饰立面和装饰平面之间的位置对应关系。

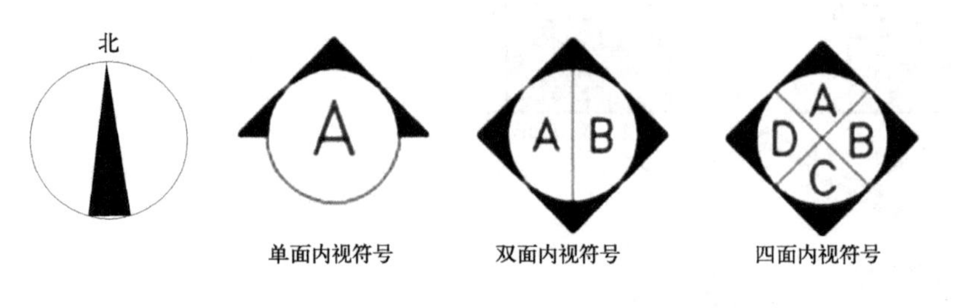

图 2—20 指北针符号（左）
图 2—21 室内内视符号（右）

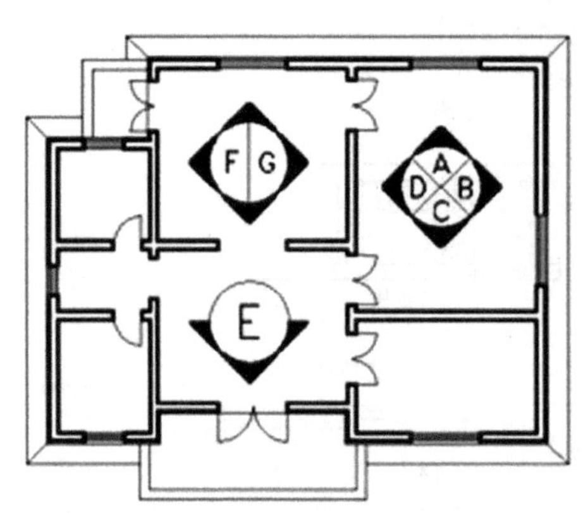

图 2—22 室内内视符号运用

图纸中常见图例见表 2—1 ～表 2—3。

常用总平面图例 **表2—1**

名称	图例	备注
新建建筑物	X= Y= ① 12F/2D H=59.00m	新建建筑物以粗实线表示与室外地坪相接处±0.00外墙定位轮廓线 建筑物一般以±0.00高度处的外墙定位轴线交叉点坐标定位。轴线用细实线表示，并标明轴线号 根据不同设计阶段标注建筑编号，地上、地下层数，建筑高度，建筑出入口位置（两种表示方法均可，但同一图纸采用一种表示方法） 地下建筑物以粗虚线表示其轮廓 建筑上部（±0.00以上）外挑建筑用细实线表示
原有建筑物		用细实线表示
计划扩建的预留地或建筑物		用中粗虚线表示
拆除的建筑物		用细实线表示

续表

名称	图例	备注
室内地坪标高	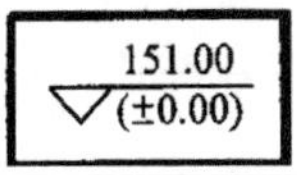	数字平行于建筑物书写
室外地坪标高	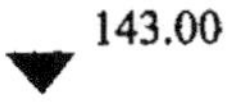	室外标高也可采用等高线
围墙及大门	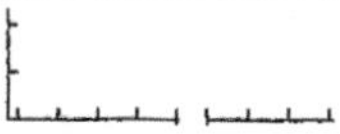	
挡土墙		挡土墙根据不同设计阶段的需要标注 墙顶标高 墙底标高
坐标	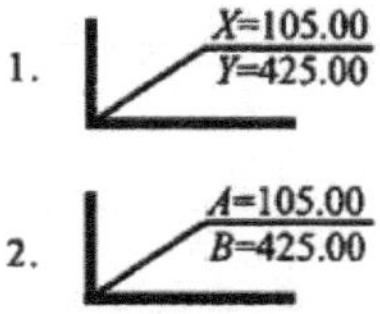	1.表示地形测量坐标系 2.表示自设坐标系 坐标数字平行于建筑标注
填挖边坡	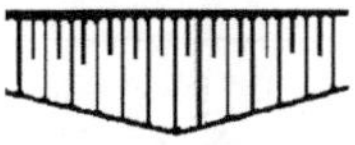	
新建道路	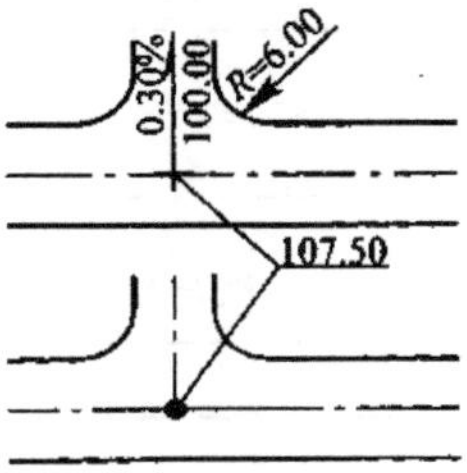	"R=6.00"表示道路转弯半径；"107.50"为道路中心线交叉点设计标高，两种表示方式均可，同一图纸采用一种方式表示；"100.00"为变坡点之间距离，"0.30%"表示道路坡度，⟶表示坡向
原有道路	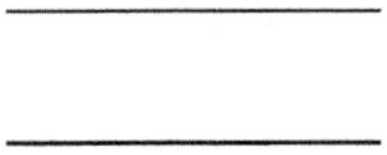	
计划扩建的道路		
拆除的道路		
人行道路	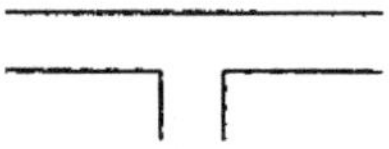	
桥梁	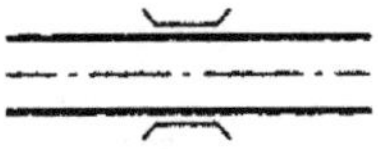 	用于旱桥时应注明 上图为公路桥，下图为铁路桥
铺砌场地	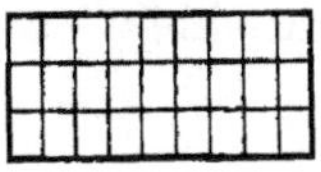	
敞篷或敞廊	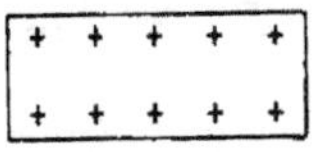	

续表

名称	图例	备注
常绿针叶乔木	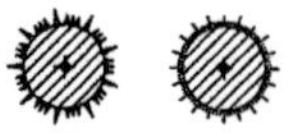	
落叶针叶乔木		
常绿阔叶乔木	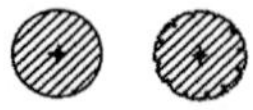	
落叶阔叶乔木	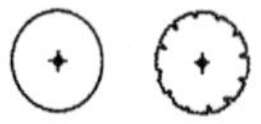	
常绿阔叶灌木		
落叶阔叶灌木		
落叶阔叶乔木林		
常绿阔叶乔木林		
常绿针叶乔木叶	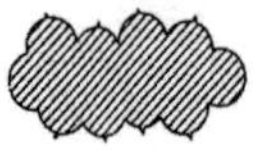	
落叶针叶乔木林	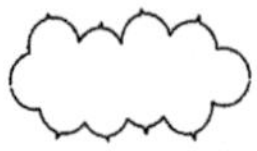	

房屋建筑常用的门窗图例 **表2–2**

名称	图例	备注
单扇平开或单向弹簧门	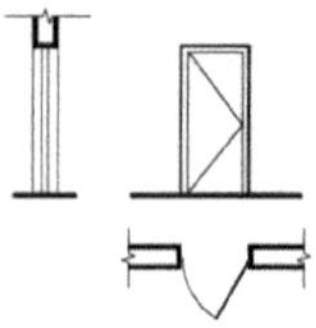	1.门的名称代号用M 表示 2.平面图中，下为外，上为内，门开启线为90°、60°或45° 3.立面图中，开启线实线为外开，虚线为内开。开启线交角的一侧为安装铰链一侧。开启线在建筑立面图中可不表示，在立面大样图中可根据需要绘出 4.剖面图中，左为外，右为内 5.附加纱扇应以文字说明，在平、立、剖面图中均不表示 6.立面形式应按实际情况绘制
单扇平开或双向弹簧门	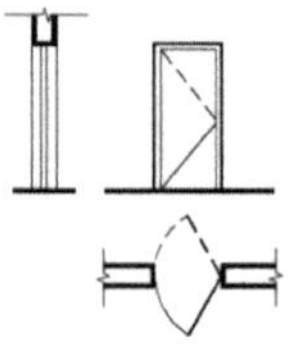	
单面开启双扇门（包括平开或单面弹簧）	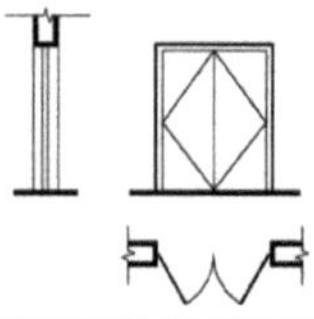	1.门的名称代号用M表示 2.平面图中，下为外，上为内，门开启线为90°、60°或45° 3.立面图中，开启线实线为外开，虚线为内开。开启线交角的一侧为安装铰链一侧。开启线在建筑立面图中可不表示，在立面大样图中可根据需要绘出 4.剖面图中，左为外，右为内 5.附加纱扇应以文字说明，在平、立、剖面图中均不表示 6.立面形式应按实际情况绘制
双面开启双扇门（包括平开或双面弹簧）	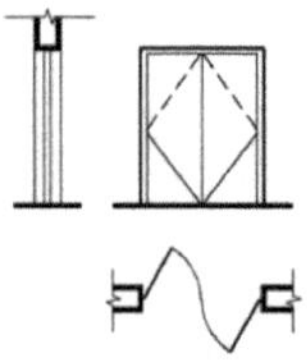	

续表

名称	图例	备注
折叠门	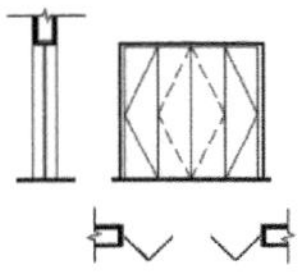	1.门的名称代号用M表示 2.平面图中，下为外，上为内 3.立面图中，开启线实线为外开，虚线为内开。开启线交角的一侧为安装铰链一侧 4.剖面图中，左为外，右为内 5.立面形式应按实际情况绘制
墙中双扇推拉门	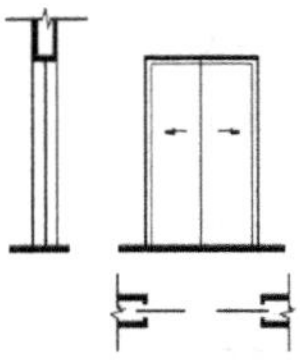	1.门的名称代号用M表示 2.立面形式应按实际情况绘制
门连窗	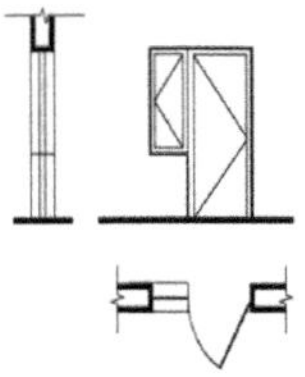	1.门的名称代号用M表示 2.平面图中，下为外，上为内，门开启线为90°、60°或45° 3.立面图中，开启线实线为外开，虚线为内开。开启线交角的一侧为安装铰链一侧。开启线在建筑立面图中可不表示，在室内设计立面大样图中可根据需要绘出 4.剖面图中，左为外，右为内 5.立面形式应按实际情况绘制
旋转门	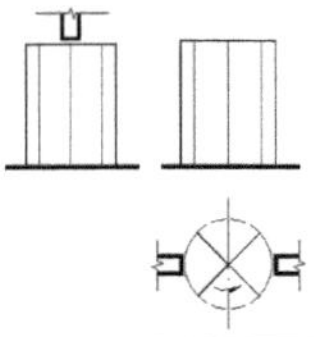	1.门的名称代号用M表示 2.立面形式应按实际情况绘制
自动门	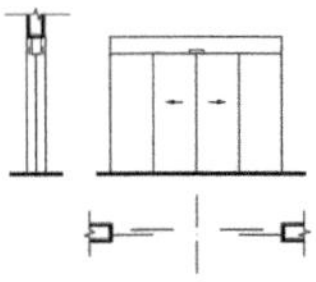	
竖向卷帘门	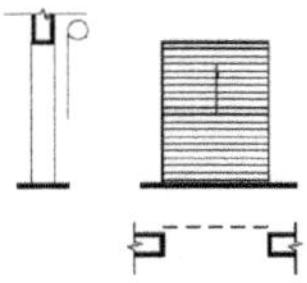	
固定窗	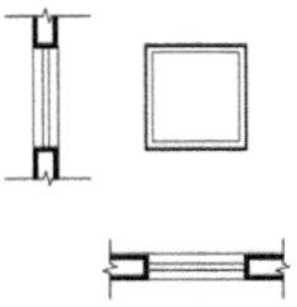	1.窗的名称代号用C表示 2.平面图中，下为外，上为内 3.立面图中，开启线实线为外开，虚线为内开。开启线交角的一侧为安装铰链一侧。开启线在建筑立面图中可不表示，在门窗立面大样图中需绘出 4.剖面图中，左为外，右为内，虚线仅表示开启方向，项目设计不表示 5 附加纱窗应以文字说明，在平、立、剖面图中均不表示 6.立面形式应按实际情况绘制
上悬窗	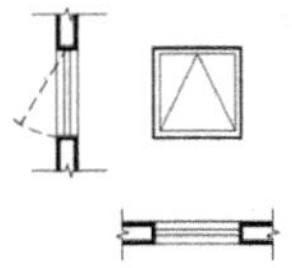	
中悬窗	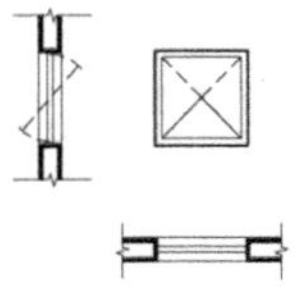	

续表

<table>
<tr><th>名称</th><th>图例</th><th>备注</th></tr>
<tr><td>立转窗</td><td> 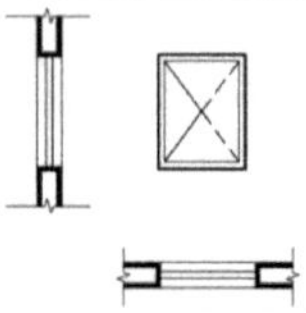</td><td rowspan="3">1.窗的名称代号用C表示
2.平面图中，下为外，上为内
3.立面图中，开启线实线为外开，虚线为内开。开启线交角的一侧为安装铰链一侧。开启线在建筑立面图中可不表示，在门窗立面大样图中需绘出
4.剖面图中，左为外，右为内，虚线仅表示开启方向，项目设计不表示
5 附加纱窗应以文字说明，在平、立、剖面图中均不表示
6.立面形式应按实际情况绘制</td></tr>
<tr><td>单层内开平开窗</td><td></td></tr>
<tr><td>单层外开平开窗</td><td></td></tr>
<tr><td>单层推拉窗</td><td> 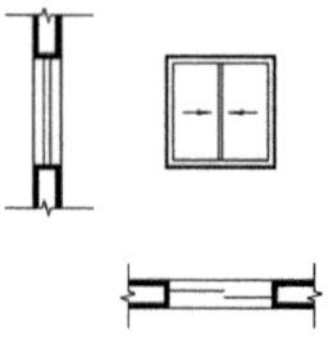</td><td rowspan="4">1.窗的名称代号用C表示
2.立面形式应按实际情况绘制</td></tr>
<tr><td>双层推拉窗</td><td></td></tr>
<tr><td>上推窗</td><td></td></tr>
<tr><td>百叶窗</td><td></td></tr>
<tr><td>高窗</td><td>h=</td><td>1.窗的名称代号用C表示
2.立面图中，开启线实线为外开，虚线为内开。开启线交角的一侧为安装铰链一侧。开启线在建筑立面图中可不表示，在门窗立面大样图中需绘出
3.剖面图中，左为外，右为内
4 立面形式应按实际情况绘制
5.h表示高窗底距本层地面标高
6.高窗开启方式参考其他窗型</td></tr>
</table>

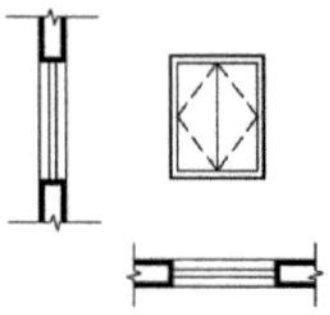

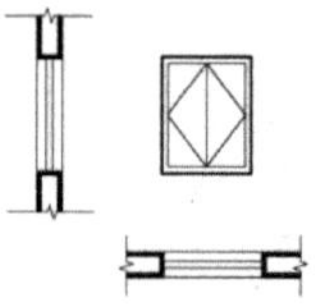

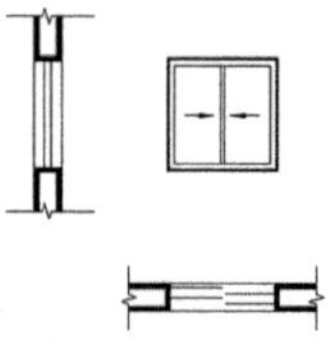

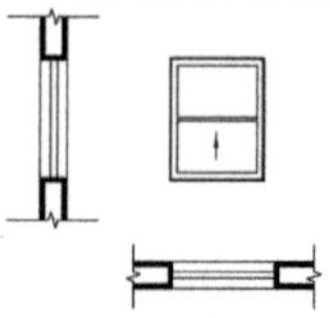

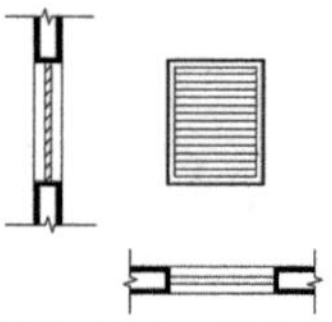

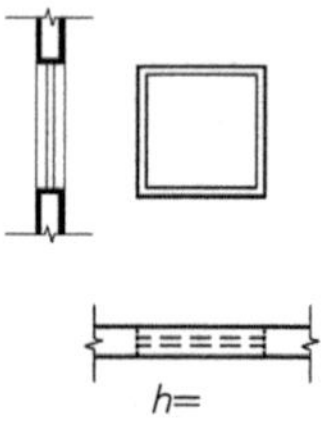

室内平面常用图例　　　　表2–3

名称	图例	名称	图例	名称	图例
立面图索引		浴盆		灶具	
双人床		蹲便器		洗衣机	
单人床		坐便器		空调器	ACU
沙发		小便器		吊扇	
凳、椅		洗手盆		电视机	
桌、茶几		洗菜池		台灯	
地毯		拖布池		吊灯	
花卉、树木		淋浴器		吸顶灯	
衣橱		地漏		壁灯	
吊柜		帷幔		荧光灯	

说明：不宜用图例表示的设施，可画出其外形轮廓再加文字注明。

3．要针对所做模型的种类，在设计图的识读过程中，有所侧重与区别

对建筑单体及环境模型，因要表现建筑的外观形象，一般要重点阅读建筑平面图的外部尺寸和建筑立面图的全部尺寸，建筑总平面图中与该建筑相近的道路、绿化等情况，对于建筑平面图的内部尺寸可以不予考虑。但在目前的房地产市场中，为让购房者对建筑内外效果有直观认识，有些房地产项目模型一部分用不透明的材料表现建筑外观，另一部分用透明的有机玻璃展现内部效果（图2–23），或者干脆全部采用透明的有机玻璃来同时展现建筑内外效果。此时，对建筑平面图的内部尺寸就也要阅读了，甚至对要展现的房间内部装饰平面图也得阅读。

图2–23　模型一部分用透明的有机玻璃展现内部效果

对规划模型和园林景观模型，除重点阅读相应的规划总平面或园林景观总平面图之外，如果是展示模型，还要阅读相关的建筑单体平面图和立面图，或园林景观中各小品的单体尺寸。

对表现室内环境的模型，则要重点阅读装饰平面布置图的全部尺寸和建筑立面图的相关尺寸，并且熟识相关室内平面常用图例。

2.3 建筑模型造型美学认知

形态、色彩、肌理是建筑模型设计的视觉要素。研究这些要素的内在含义、性质特征以及造型的相互关系，运用新的思维方式和表现手法将其有规律地组织、重构，对于提高建筑模型设计艺术水平、展示效果和总体质量有着十分重要的意义。

1. 建筑模型设计的形态要素

建筑模型设计的形态要素主要有点、线、面、体。由于构成要素本身的造型意义，因而，在建筑模型设计中，应根据建筑设计理念、展示重点、题材的需要来选择适当的构成要素，以增强其表现力。

点是构成一切形态的基本单位，具有自由、灵活、动感强的特征和轻快、活泼、生动的个性，可以有大小、疏密、远近、空实、单点、双点、多点、点群等灵活组合，适用于各种构成和表现。在建筑模型设计中，以位置为主要特征的都可以看成是点，其运用可以体现建筑物与建筑物、建筑物与环境之间的空间位置关系（图 2–24）。

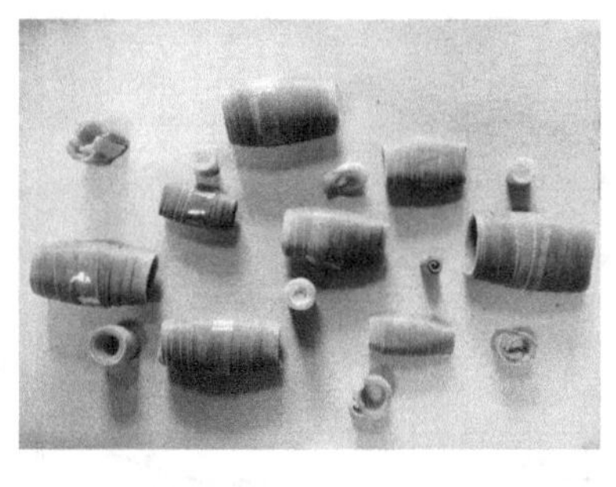

图 2–24　点的构成

线有直线、曲线之分。直线给人刚直、坚定的感觉。水平方向的直线有平稳之感，使人联想到远方的地坪线；垂直方向的直线有耸立之感，使人联想到广场的旗杆；倾斜的直线有上升或下降之动感，使人联想到飞机的起降。曲线给人流畅、变化的感觉。几何曲线含有紧张、强力的机械美；自由曲线呈现出轻松、随意的自然美。在建筑模型设计中，利用直线的粗细、疏密可以表现出层次感、立体感，一般具有严谨、秩序的感觉；利用曲线制作的立体模型则会产生舒展、优雅的感觉（图 2–25、图 2–26）。

面可以表现为圆形、椭圆形、正方形、长方形、三角形、菱形、多边形等几何图形和不规则图形。不同图形给人感觉也不同。圆形给人圆满、运动之感；正方形给人规矩、静止之感；三角形给人稳固、向上之感；不规则图形给

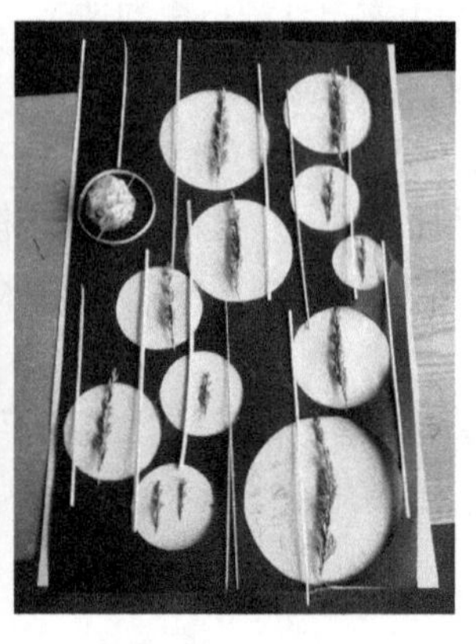

图 2–25　线的构成（一）（左）

图 2–26　线的构成（二）（右）

人明快、流动之感……在建筑模型设计中，我们要恰当地利用不同的面表现模型的美感（图 2–27、图 2–28）。

图 2–27 面的构成（一）（左）
图 2–28 面的构成（二）（右）

体具有长度、宽度、高度、体量等特性，具有上下、左右、前后三个维度的形态。不仅包括看得见的实实在在的实体形态，还包含看不见的却能够感受到的空虚形态。在模型设计中，我们可以借助立体形态的实际效应，如大小、轻重、方向、重心、虚实等完成形态的心理效应，如情感、理念、美感等，使观众产生强烈的视觉效果（图 2–29、图 2–30）。

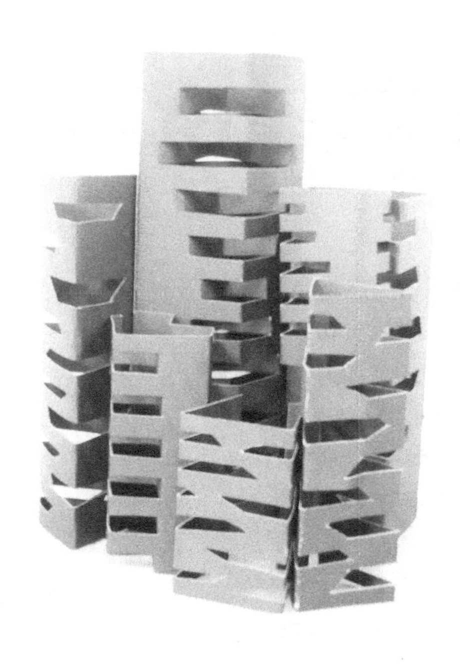

图 2–29 体的构成（一）（左）
图 2–30 体的构成（二）（右）

在建筑模型设计中，点、线、面、体等形态构成要素并非孤立运用而是相互并用的。综合运用点、线、面、体等形态构成要素，可以创造出生动、活泼的形态与强烈的形象对比效果（图 2–31 ～图 2–33）。

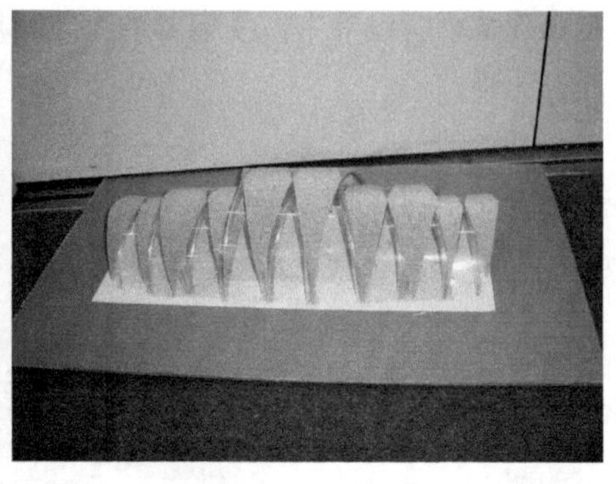

图 2-31 线面构成在模型中的运用

图 2-32 体的构成运用（一）

图 2-33 体的构成运用（二）

2. 建筑模型设计的色彩认知

色彩是由光刺激眼睛产生的一种视觉效应，是一种富有表情和感情含量的语言，是构成视觉美感的重要因素之一。色彩运用的好坏，在其视觉与心理上能产生明显的差异。好的模型色彩设计，能提高观众的注意力、亲和力，提升模型的视觉艺术魅力（关于色彩的色相、明度、纯度、混合规律、视知觉、对比、调和等基础知识可以参考美术类相关书籍）。因此，在模型设计制作中，设计者可以通过不同的色彩组合来营造情调、意境和新奇感，展示美妙的视觉效果（图 2-34 ～图 2-36）.

在模型色彩运用中，通常需要注意以下方面：

（1）色彩要结合建筑模型设计的类型、特色和要求来选择。一般，红色常用于消防建筑模型，表达紧张和危险感；绿色常用于环保、邮政类建筑模型，表达和平与安全感；白色、淡黄色等常用于住宅类建筑模型，使人产生美好和安静的感觉；商业类的建筑模型，整体色调大多采用中性或柔和、灰性的色调；而科技类的建筑模型则常采用蓝色，给人以神奇、理性的感觉。

（2）模型空间的色彩组合对整个建筑模型色调起着主导作用，可以将主色调运用于主建筑模型，同时，其他部分建筑模型可采用主色调加辅助色，体现主次感和连续性，从而使各区域之间的色彩关系既有统一感、连续感，又有个性的变化。

（3）在与主色调相协调的情况下，采用色彩对比（色相对比、明度对比、纯度对比）的方法，通过建筑物与建筑物、建筑物与环境之间的反衬、烘托或色光的辉映，使建筑模型能给予人们良好的视觉和心理效应。如果明度较高，反差较小，会给人温馨、柔和的感觉；而明度较低、黑白反差较大，则给人明朗、活泼的视觉效果。

（4）利用冷色、暗色的寒冷、沉静、退后、收缩的特性，暖色、亮色的温暖、活跃、前进、扩张的特性，可以调节建筑模型的冷暖感觉和气氛。如冷色调常用于医疗等建筑，传递安全、卫生的感觉；暖色常用于餐饮、幼儿园建筑，营造一种明快、温暖的视觉效果。

（5）色彩的选择和搭配要慎重，要符合所在地的色彩习俗，考虑观众对色彩的反应，不能引起抵触情绪。比如，中东地区的人们喜用红、白、绿、青蓝，而黄色平时则被禁用，因为在伊斯兰教中，黄色象征死亡。

（6）模型色彩要与其所处的环境相协调，即模型成品的安放空间环境对建筑模型的色彩影响也是必须考虑的。在模型设计过程中，要对模型的安放位置、功能要求、气氛、意境等勘察清楚，否则，就会出现杂乱无章的色感，影响模型信息的传达，降低观众的观赏兴趣。

图 2–34　色彩在建筑群体模型中的应用（左）
图 2–35　色彩在建筑单体模型中的应用（中）
图 2–36　色彩在建筑环境模型中的应用（右）

3. 建筑模型设计的肌理

肌理又称为质感，是物体表面的纹理。一般分为触觉肌理和视觉肌理。触觉肌理是用手抚摸感知的物体表面特征。不同的物质具有不同的肌理，如软与硬、平滑与粗糙等。触觉肌理在人们的长期生活实践中积累形成了各种的视觉经验，人们不用触摸便会感知物体表面的特征，即视觉肌理。光滑的肌理给人细腻、滑润的感觉，如玻璃；坚硬的肌理给人冷酷、坚固的感觉，如金属、岩石等。在建筑模型设计中，利用肌理可以丰富模型，加强模型的立体感，使模型更具有真实性（图 2–37）。

除此之外，建筑模型设计也要遵循形式美的法则。如稳定与比例、重复与渐变、放射与突变、对称与均衡、对比与调和、变化与统一等。在建筑模型设计中，位置安排、形态和色彩等都会涉及中心和比例的问题；运用重复或渐变的表现手法，通过周期性的重复出现或相间交错，构成运动美感，就会使人体验到一种和谐的秩序感；根据主题与整体结构的需要，或强调对比，或侧重调和，以造成新奇又和谐的效果;在单一的反复中应注意细部的处理,使重复不至于流于单调(图2–38)。

图 2–37　木质肌理模型给人的温馨（左）
图 2–38　设计形式美的法则应用（右）

2.4　计算机技术在建筑模型设计制作中的应用

一般来说，建筑模型设计制作员按照建筑设计师的图纸和要求进行模型制作，但是，真实建筑和建筑模型在尺度、体积、材料、色彩上的差异很大，一些高水准、高要求的建筑模型需要模型设计制作员在建筑设计师提供的图纸和效果图基础上进行调整和再设计，使模型在展示中表现出更好的效果。

建筑模型计算机辅助设计软件就是根据以上需要建立的一个快速设计和电子建模平台，主要包括建筑模型设计软件（MplanCAD）、建筑模型外观三维图库、二维造型和配色参考系统三部分。这些软件将建筑模型设计的过程提升到设计逻辑的高度。

作为建筑模型设计师，除了上述计算机辅助设计软件的认知外，一般来说还应熟练掌握以下相关软件：AutoCAD 软件、3DMAX 软件、相关的电脑雕刻机专业软件等。在模型设计前期，AutoCAD 主要用于解读客户提供的图纸资料，并用于模型制作的下料图绘制；3DMAX 则主要用于模型效果图的制作，以便为确定模型制作方案提供参考。

2.5　制作工具、设备认知

古语说："工欲善其事，必先利其器。"模型制作的工具、设备是发挥工艺技巧的重要保证。关于环境模型制作的工具、设备很多，为了能够充分发挥制作工具、设备的用途，保证模型制作的工艺性，达到模型制作目的和实际效果，我们可以因地制宜，针对不同的材料运用不同的技术，选用不同的工具。一般来说，只要能够进行测绘、剪裁、切割、打磨等，就可以了。少数情况下，我们也可以自制工具使用。

1. 测绘工具

在模型制作的下料和定位过程中，测绘工具是必不可少的。常用的测绘工具有：

（1）丁字尺

丁字尺是测量尺寸、画水平线和辅助切割的工具。由尺身和尺头两部分组成，按照尺身长度有1m和0.6m规格。在模型制作时，可依据模型制作的大小进行选用。

（2）三角板

是测量及绘制水平线、垂直线、直角和任意角的工具，也可作辅助切割的工具。在模型制作时，应用频率较高。常用的规格是35cm。

（3）直尺

直尺是画线、绘图和制作的必备工具。常用的有：有机玻璃尺、不锈钢尺和钢片卷尺。其中，不锈钢尺由于耐磨、耐腐蚀、不怕划等特点，在模型制作中应用较多，常用的规格有30、50、100、120cm等。钢片卷尺则可以测量较长的材料，携带很方便。

（4）直角尺

直角尺是测量90°角的专用工具。尺身为不锈钢材质，测量长度规格多样，在模型制作时常用来切割直角，也可用于画直线。

（5）三棱尺

三棱尺又叫比例尺，是测量、换算图纸比例尺度的主要工具。其测量长度与换算比例多样，使用时可根据需要选择。同时，三棱尺在对稍厚的弹性板60°斜割时非常有用。

（6）蛇尺

蛇尺是一种可以根据曲线的形状任意弯曲的测量、绘图工具。质感为橡胶状，尺身长度有30、60、90cm等多种规格。在模型制作中可根据曲线长度进行选用。

（7）模板

模板是进行测量、绘图的工具。可以测量、绘制不同形状的图形，主要有曲线板、绘圆模板、椭圆模板、建筑模板、工程模板等。在模型制作中可根据图形进行选用。

（8）圆规、分规

圆规是测量和画圆的常用工具。为便于在有机玻璃、ABS板等质地较硬的材料上画出圆线，常用专门的分规。

（9）画线工具

用于在各种材料上画线或做记号。在模型制作中可根据材料的质地和颜色选用不同的画线工具，以好用方便为原则。常用的画线工具有绘图铅笔、水彩笔、彩色铅笔、特种铅笔等。一般来说，浅色的材料用深色笔，深色的材料用浅色笔；质地较软的材料可用各种色彩的笔，而质地较硬的材料则要用钢针、刀类或圆规、分规的尖针等。

部分测绘工具如图2–39～图2–42所示。

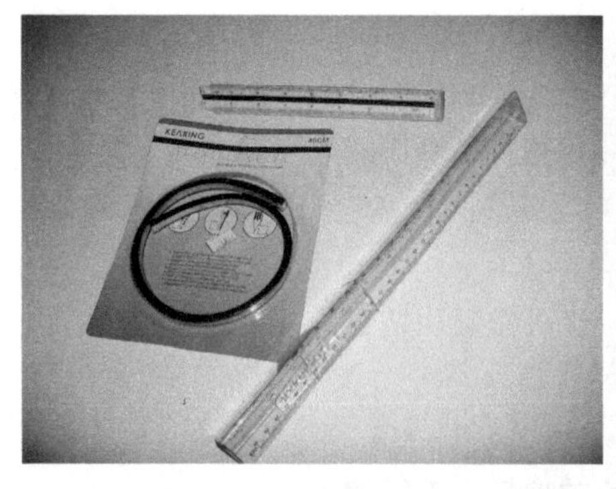
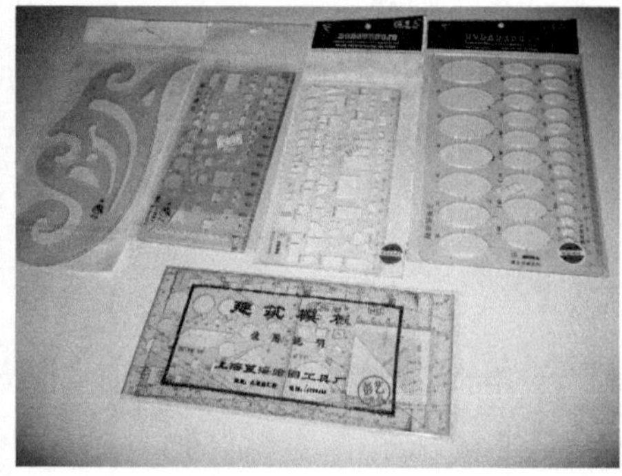

图 2–39　三棱尺、蛇尺（左）

图 2–40　模板（右）

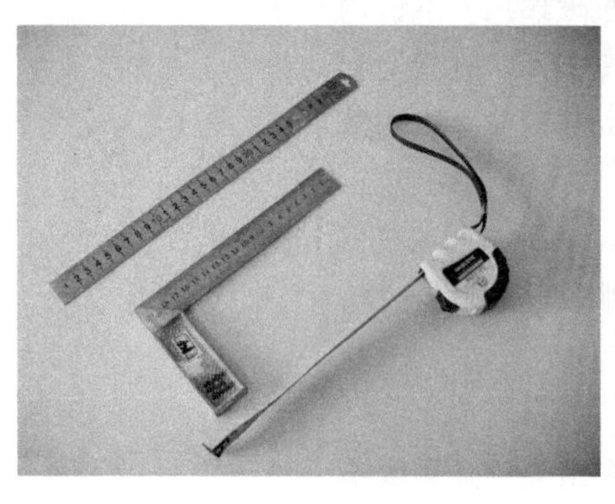
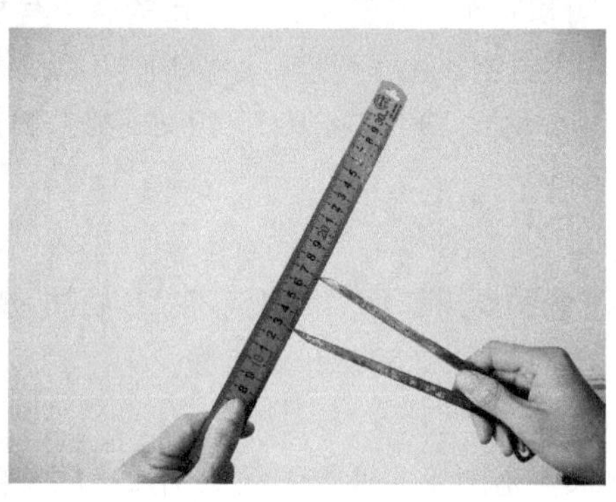

图 2–41　直尺、直角尺、钢卷尺（左）

图 2–42　分规测量画线（右）

2. 剪裁、切割工具

剪裁、切割是进行模型制作必不可少的工序，因此为了满足制作不同材料的模型需要，一般应具备如下剪裁、切割工具。

（1）美工刀：是裁切纸质类材料必不可少的工具，又称推拉刀，裁纸刀。在使用时可根据需要随时改变刀片长度，并且宜用低角度裁切，以免刮纸。在模型制作中除用来裁切卡纸等纸质类材料外，也常用来裁切吹塑纸、发泡塑料、及时贴、一些薄型板材等。

（2）勾刀：是切割塑胶板材的专用工具。刀头为尖钩状，可买到成品，也可用钢锯条磨制而成。刀片可以随时更换，备用刀片藏于刀柄之中。勾割 1 ~ 3mm 厚的塑胶材料时，只需要钢尺辅助，割至 1/3 深度后，将胶片割线置于桌边，一手将其下按固定，另一手用力下压即可。如勾割 5mm 厚以上的塑胶材料时，则需要双面勾割或用电锯切割。

（3）尖头刻刀

这种刀很锋利，硬度高，刀片不快时可调换，是刻制细小线框和硬质材料的理想工具，使用非常方便。

（4）剪刀

是剪裁纸张、双面胶带、薄型胶片和金属片的工具。在模型制作时最好备有大小两把，依材料大小选用。

（5）单双面刀片

即日常生活中刮胡须用的刀片，刀刃锋利，是裁切一些要求加工精细的薄型材料，如各种装饰纸等的最佳工具。在使用时，由于直接使用难以操作，所以往往将刀片夹在自制的薄板中使用。

（6）为避免手持刀类裁切工具（图 2–43）在使用时在桌面留下划痕，常将材料放在切割垫上裁切（图 2–44）。

图 2–43　手持刀类裁切工具（左）
图 2–44　切割垫（右）

（7）钢锯

用于切割金属、木质和有弹性的塑料等。使用过程中为保证锯口的平整和准确，起锯时应用握锯柄的手指挤住锯条的侧面，使锯条保持在正确的位置上，轻微施加压力，在短距离行程中往返。准确起锯后再加大压力，增大锯割的往返行程。即将锯断时再减小压力，保证收尾的安全利落（图 2–45）。

（8）线锯

有手动线锯和电动线锯之分。锯条用很细的钢丝制成，又称钢丝锯。主要用来切割材料内部，如窗户洞口等。在使用时，先在材料需要挖空的部位端头钻一小孔，将锯条丝穿孔后定位固定好，并使锯条丝与材料面保持垂直，就可随心所欲地锯出所需要的形状和曲线。是切割木质、塑料、金属等多种材料的主要工具（图 2–46 ~ 图 2–48）。

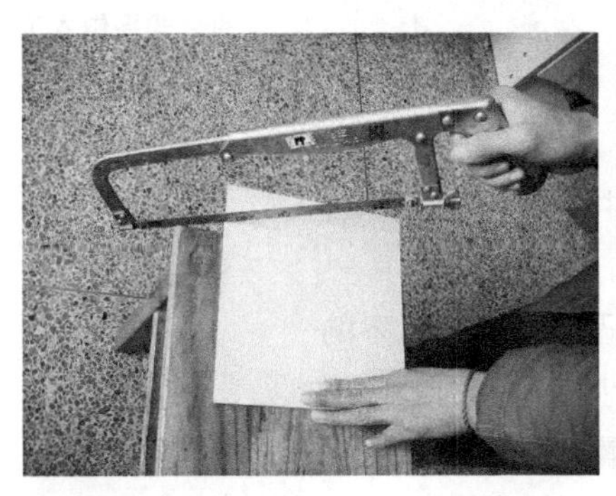

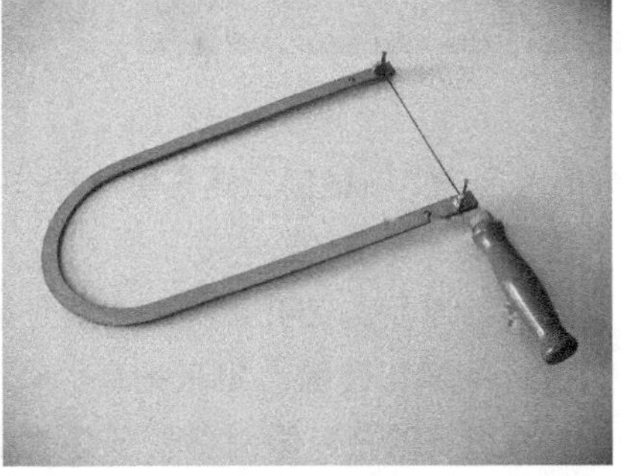

图 2–45　手持钢锯的使用（左）
图 2–46　手动线锯（右）

图 2–47　手动线锯的使用（左）
图 2–48　电动线锯的使用（右）

(9) 电脑雕刻机

作为科技发展的产物，它以高速度、高效率和制作精确、流畅的优势为模型设计与制作开辟了广阔的前景，是当前模型设计与制作极好的工具，尤其在要求比较精细的模型设计或制作中最为突出。在现代模型制作中发挥着极为重要的作用，也是专业模型公司必不可少的设备。电脑雕刻机有机械式雕刻机和激光雕刻机之分（图 2–49 ~ 图 2–50），由绘图和制作两部分完成。在使用时，首先要在与雕刻机相连的电脑上建立绘图模型，然后将该模型的数据输送到联机的电脑雕刻机上，再将大小相宜的塑料板或木板平整地用双面胶粘接在工作面上，启动雕刻机后，雕刻机就可以通过控制程序自动将所需要的模型细部雕刻好。这种系统一般需要专门的软硬件支持，所以必须按照说明书和软件说明来操作。

电脑雕刻机有相关的专业软件，如文泰雕刻，雕刻机目前一般支持 CorelDraw、AutoCAD 等软件的输出，同时其自带软件支持 BMP、JPG、GIF、PLT 等文件格式的输出。在使用雕刻机时首先把图形和文字等电子版图形文件在电脑中设置加工参数，生成按照加工方式、材料种类、厚度等进行分类的图形板块，然后选择不同种类的刀具，建立加工路线文件，建立指令完成雕刻工作。

除此之外，还有各种型号的手锯、台式平刨木工多用机床（图 2–51）等，可对模型材料进行锯割，是制作模型底盘的必要工具。在模型制作中可根据需要进行选用。

图 2–49　机械式电脑雕刻机（左）
图 2–50　激光雕刻机（中）
图 2–51　可锯、可钻的台式平刨木工多用机床（右）

3. 钻孔工具

为了方便模型各部分的组合连接，钻刨工具在模型制作中也是必需的工具。

(1) 手摇钻

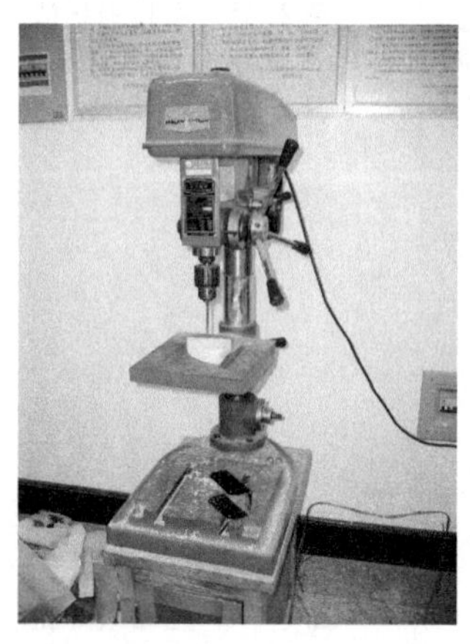

图 2–52　钻床

常用的钻孔工具。一般可配直径 8mm 以下的直身麻花钻嘴，用来钻直径较小的孔，例如模型沙盘上的路灯眼、树眼，安装木螺钉或铆钉的眼等，尤其是在质地硬的材料上钻孔时比较好用。

(2) 手提电钻

功能与手摇钻同，只是利用电源提供动力，更为方便、省力。一般可配直径 12mm 以下的直身麻花钻嘴。

(3) 各式钻床

常用有台式、立式、摇臂式等，可以在不同材料上钻不同直径、不同方向、深度较大的孔（图 2–52）。

4. 打磨、修整工具

在模型制作中，为达到理想的设计表现效果，并使模型具备一定的观赏艺术性，往往要用一些打磨、修整工具对各类材料的表面进行打磨、修整处理，使模型表面光洁，形成良好的视觉效果。

（1）砂纸

分为木砂纸和水砂纸两种。根据砂粒目数分为粗细多种规格，使用方便、经济，可以对不同的形式多种材质进行打磨（图 2–53）。

（2）砂纸机

砂纸机是一种电动打磨工具。主要用于直面的打磨与抛光。打磨速度快、效果好，有的还能进行多个相交面的加工，但在使用时需要专门的砂纸带。

（3）砂轮机

砂轮机用于磨削和修整金属或塑料部件的毛坯。按照外形分为立式、台式两种。使用时可根据磨削材料种类和加工的粗细程度，选择合适的砂轮机。一般选用砂轮机的砂轮片在 60 ~ 150 粒为宜（图 2–54）。

图 2–53　砂纸（左）
图 2–54　砂轮机（右）

（4）砂纸板

砂纸板是一种自制的有效打磨工具。将砂纸贴于平整的硬板两侧或圆弧内面，非常方便省力。

（5）锉刀

锉刀是一种较常见、应用较广泛的打磨工具。有多种形状和规格，供打磨不同的部位和形状使用。常用的有：板锉、三角锉、圆锉。另外，为修整部件细微处，满足精加工的要求，还有组锉，又称什锦锉，每组由 5、6、8、10、12 把等组合而成（图 2–55）。

1）选用锉刀时，要根据工件材料的性质、形状及表面要求的粗糙度正确选择。比如较软的材料要选用粗锉，而较硬的材料则要选用细锉；精度低和表面粗糙的要选用粗锉，反之，就选用细锉。

2）锉削时，对于平面的锉削要使锉与锉面保持水平进行推拉，依据具体的要求对平面可进行顺向锉、交叉锉、推锉等。对于直角面的锉削要先锉外直角，再锉内直角，锉削后注意用直角尺校正。对于曲面的锉削要注意与曲面的弧度保持一致采用转动锉削。

3）锉削过程中，一定要注意安全。比如不要用嘴吹锉屑，以免锉屑飞入眼睛；不要用锉刀敲击或撬起其他物品，以免锉刀断裂等。

（6）刨

主要用于木质材料和塑料类材料平面的刨削。如模型有机玻璃面罩和木制沙盘的制作就离不开刨的刨削。刨有长刨、短刨、槽刨，刨削材料时，可根据不同的要求选用（图 2–56）。

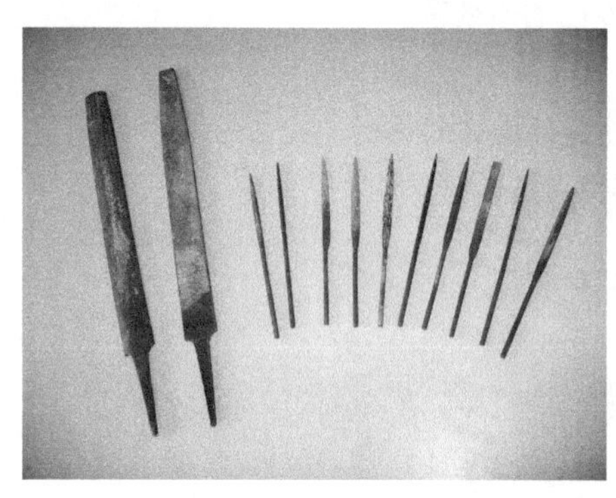

图 2–55　锉刀（左）
图 2–56　木工刨（右）

5. 其他工具

（1）老虎钳　用来夹持较小工件进行加工的工具。比如夹折铁丝等。

（2）刷子　用来清理沙盘中的碎屑、灰尘或刷颜料色彩。

（3）镊子　制作细部或细小构件时的重要工具。

（4）锤子　敲击成型工具。

（5）台虎钳　用来夹持较大工件，以便固定打磨加工的工具。

（6）喷枪　在喷枪内调好油漆后，靠调节气流给模型喷色并制作各种特殊质感效果，是美化模型的重要工具。

（7）胶枪插上电源后使胶棒融化，用于布盘时树木的粘接固定。

（8）特制烤箱　对压模变形的有机玻璃、ABS 板等进行定时、定温烘烤。

（9）电烙铁用于焊接金属工件或小面积塑料板材进行加热弯曲。一般选用 35W 内热式及 75W 外热式各一把。

（10）电吹风机　既可以选用热风挡来熔化塑料焊条以便焊接塑料板，也可选用冷风挡吹走沙盘中的碎屑灰尘。

（11）医用注射器　用来注射丙酮、氯仿（三氯甲烷）等液体胶粘剂，在用于有机玻璃、ABS 塑料等材料的粘接面时很方便。一般选用 5ml 医用注射器为好，针头为 5、6、7 号。

（12）海绵粉碎机　粉碎海绵制作树木的主要设备。

（13）小型多用机床　主要用于尺寸较大、材质较硬的构件加工。可钻、铣、镗、磨等（图 2–57 ~ 图 2–63）。

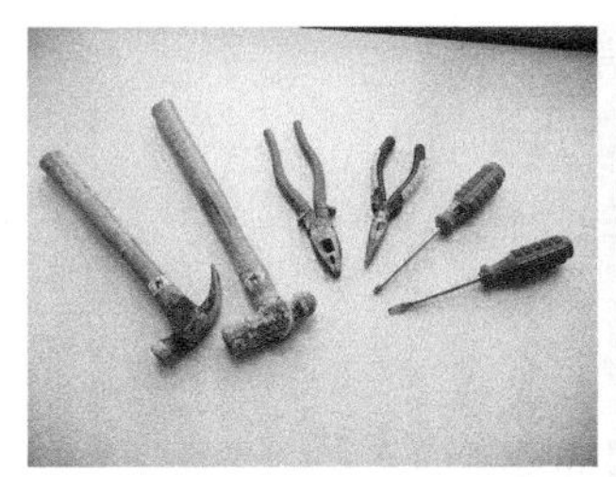

图 2-57　老虎钳、锤子、螺钉旋具

图 2-58　镊子、医用注射器

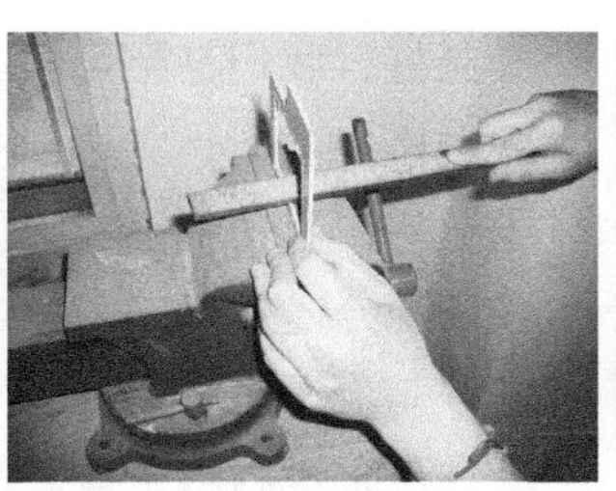

图 2-59　台虎钳夹持工件的打磨

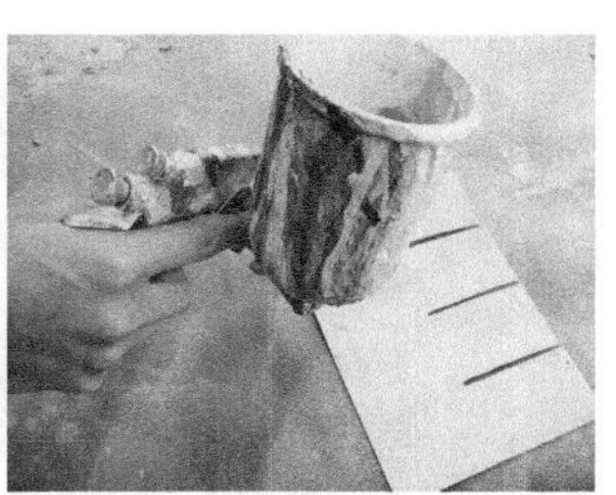

图 2-60　喷枪

图 2-61　胶枪（左）
图 2-62　海绵粉碎机（中）
图 2-63　小型多用机床（右）

为方便工具和设备的使用，一些零碎的工具常集中装在专门工具箱内，如图 2-64 所示。体型较大的工具则要有序摆放在专门的工作柜内。而对于模型制作的设备来说，则要安放在合适的空间场所。为方便模型制作，一个整洁明亮的空间场所是必不可少的。在这个空间场所里，几张足够大的桌子（具有玻璃垫板）、几把凳子、几个电源插座、一些材料摆放柜等同样需要。尤其在专业的模型公司中，良好的工作场所是做好模型的必要条件，如图 2-65、图 2-66 所示。

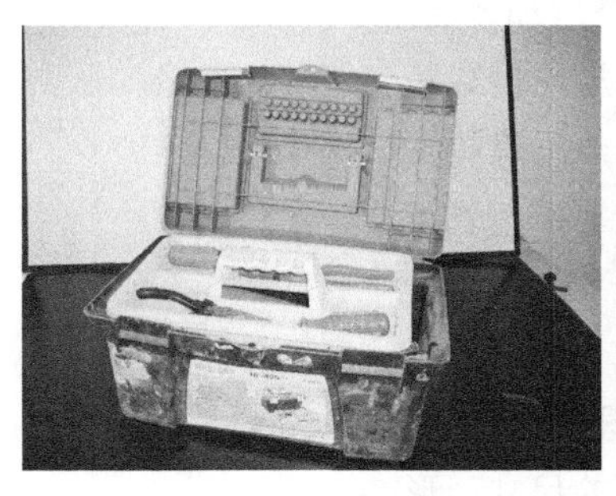

图 2-64　装零碎工具的工具箱（左）
图 2-65　专业模型公司的空间场所（中）
图 2-66　专业模型公司的空间场所（右）

2.6　制作材料的特性及表现认知

一个模型形态的构成是与材料的特性表现与合理利用分不开的。在浩瀚的材料世界里，每一种材料都有自己的特性和用途。如何选择合适的材料在模型中表现我们的设计思想，对我们来说就显得至关重要。除了模型的用途、比例、工艺等因素之外，做好模型的关键是模型制作者对材料的理解和表现把握。只要能准确表达设计思想、表现效果好即可。并非选用的材料越高档，效果就会越好。我们甚至可以收集利用一些日常生活中的废弃物，也会达到令人惊叹的效果。为便于选用，我们将环境模型制作常用材料的特性及表现分述如下。

1. 纸质类材料

纸质类材料是模型表现中最基本、最简便，也是被大家广泛使用的重要材料。主要优点是：价廉物美，品种、规格、色彩多样，容易加工塑形、上手快，表现力强。缺点是：强度低，吸湿性强、受潮易变形，断面处粘接速度慢，成型后不容易进行修整。用于模型制作的纸质类材料主要有：

图 2–67　各种花纹和厚度的卡纸

（1）卡纸

相对于一般的书写纸张而言，卡纸是一种厚（0.5 ~ 3mm）且硬的纸。在模型制作中多用来做构思模型及简易模型，也常用来做建筑的骨架、桥梁、栏杆、阳台、组合家具等。目前，市场上的许多绘图、美术用品商店均有出售，色彩很多。但制作模型时一般选用白色卡纸，便于进行有色涂刷或喷涂处理，以达到所需要的效果。实际制作中，常将白色绘图纸作为卡纸使用（图 2–67）。

图 2–68　瓦楞纸

（2）瓦楞纸

选用品质优良的牛皮纸或纸袋纸制成，有不同的品种、色彩，呈波纹状态，分单层和多层。单层为美工纸，可以做别墅和有民族风情建筑的屋顶等。多层的则可做屋顶的隔热层等构造层以及做地形模型或一些简易模型等。色彩可以根据需要喷涂（图 2–68）。

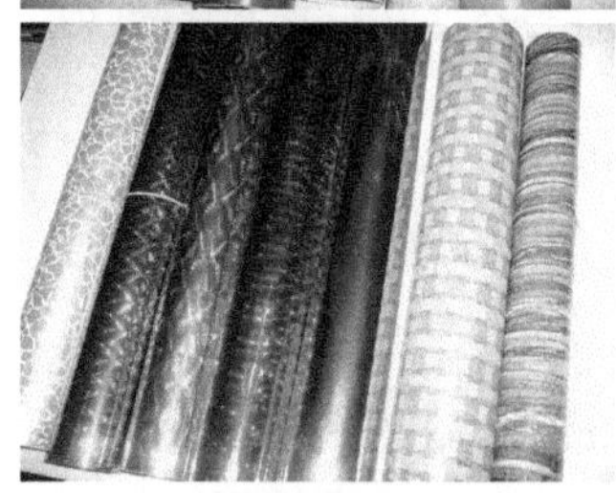

图 2–69　仿真材料纸

（3）仿真材料纸

即仿石材、木纹和各种材料肌理的装饰纸。使用时非常方便，只需按照所需要的尺寸、形状剪裁、粘贴即可。但一定要注意图案的比例，否则会弄巧成拙（图 2–69）。

图 2–70　各色即时贴

（4）各色即时贴

一面自带不干胶，剪裁后撕去衬纸即可粘贴，使用特别方便。主要用于模型的道路、窗户、小品、水面以及标题制作等。粘贴时要从中间向外铺平，以免出现气泡，影响美观（图 2–70）。

(5) 锡箔纸

由于光滑发亮，一般主要用于模型中的仿金属构件。如果构件较小，也可用一些带锡箔的包装纸代替，如方便面包装内面、一些糖果纸内面等。

(6) 砂纸

砂纸本来是打磨材料的用品，但在模型制作中，却也可以作为一种理想的模型表现材料。比如，用砂纸可以表现室内的地毯，也可以表现球场、路面、沙滩等，甚至将其刻字贴于模型底盘上效果也不错。

(7) 草绒纸

草绒纸是用于制作模型绿地的一种专门材料。该材料仿真程度高、使用简便，根据需要剪裁后粘贴即可。粘贴前注意先在背面喷洒少许水雾，使之有所膨胀，贴到盘面上后会收缩平整（图 2–71）。

对于纸质类材料的加工，主要是在尺子测好后，采用美工刀或剪刀裁切即可。根据需要也可进行屈折或屈弯。屈折时视纸张的厚度，并利用尺子、美工刀等工具进行。屈折薄纸时，可利用美工刀轻画折线，沿折线屈折；屈折厚纸时，则先利用美工刀刀背轻画折线，沿折线刻画"V"字槽，然后屈折（图 2–72）；屈弯时则可利用圆筒之类的辅助物，让纸张沿圆筒进行裹弯后整形即可。

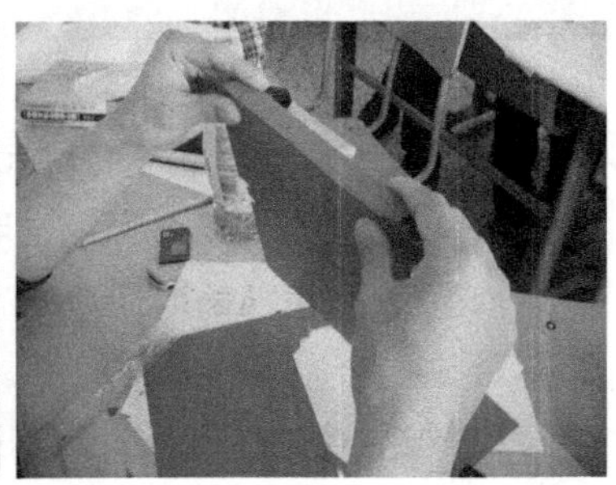

图 2–71 草绒纸（左）
图 2–72 纸的屈折（中、右）

2. 塑胶类材料

塑胶类材料（图 2–73）是用化学方法合成的材料，由合成树脂、填充材料、增塑剂、稳定剂、着色剂等构成。特点是质量轻、耐腐蚀、强度高、色泽好、成型好。环境模型表现中，常用的塑胶材料有：

(1) ABS 板

一种新型的模型制作材料，称之为工程塑料，广泛应用于各个行业，也是现今比较流行的手工及电脑雕刻加工制作的主要材料。该材料为瓷白色或浅象牙色，厚度为 0.5 ~ 5mm。优点是硬度高，表面细腻，尺寸稳定，化学性能好，电绝缘性好，着色性好，表面可镀、可喷涂等。可用于模型制作的材料有板材、卷材、棒材、管材，适宜制作模型的墙面、房顶以及建筑小品、底盘台面和弧形结构等。

(2) 有机玻璃

化学名称是聚甲基丙烯酸甲酯，也称作亚克力，英文缩写 PMMA。有机玻璃源自于商品名"Oroglas"，意为"Organic Glass"。有无色和有色的，有透明的、

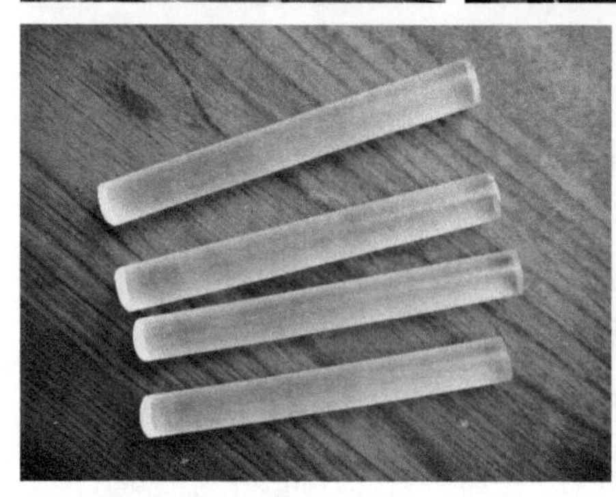

图 2–73　塑料材质

半透明的、不透明的，也有各种颜色、厚度的板材，以及各种规格直径的管材、棒材等。但最常用的还是无色透明的有机玻璃板材。该材料外表硬挺、光洁、美观，成型性、着色性都很好，被广泛应用。但加工较其他材料难。由于强度高、表现效果好，不容易变形等特点，常用来做展示模型和需要长期保存的模型。

在模型表现中，无色透明的有机玻璃板材常用于做模型玻璃罩面：通常 $1m^2$ 以下的小模型宜用 3 ~ 5mm 厚的板材，1 ~ $2m^2$ 的中模型宜用 5 ~ 6mm 厚的板材，3 ~ $8m^2$ 的大模型宜用 8 ~ 10mm 厚的板材，特大模型就要考虑 12mm 厚的或其他形式板材作罩面了；有色透明的有机玻璃如茶色、蓝色、绿色等常用来制作建筑骨架及玻璃门窗；含珠光、荧光及其他有色有机玻璃常用来做建筑屋顶、地坪、路面、阳台以及装饰小品等。

（3）PVC 塑料

主要成分是聚氯乙烯，分软质和硬质两类。硬质 PVC 塑料分为透明和不透明两种，坚硬、机械强度好，易染色，其用途与有机玻璃相仿，但十分容易老化。其中，PVC 胶片是一种硬质超薄型塑料，机械强度好，有透明的和不透明的，是制作现代建筑中玻璃窗的理想材料。软质的有彩色花纹地板胶、墙纸、电线套管、泡沫 PVC 等，可以用于模型中的墙面装饰，管线布置，路面、地坪装饰等。

（4）硬泡沫塑料

学名是聚氨酯，又称 PU 塑料。外观呈白色，多为块、板状等，许多中大型的产品包装中往往用来做垫层缓冲，而在模型制作中，我们可以按照需要随意切割出各种形状，以表达概念模型、总体规划模型等，而且，由于其疏松多孔而呈弹性，我们也可以在将其粉碎成颗粒状后，经染色制成各种仿真程度很高的绿化树木、花粉等。

（5）吹塑纸

又称EPS发泡胶，具有价格低、易加工、色彩柔和丰富等特点，可用来制作屋顶、路面、山地、等高线和墙壁贴饰等。使用时要根据吹塑纸的颜色和肌理，选择不同的工具进行刻画处理。比如，在制作有肌理的屋面时，就可用美工刀的刀背进行刻画处理。

（6）窗贴

品种、规格、色彩丰富，可用于制作绿化、建筑细部装饰等部位的刻画。

3. 木质类材料

是制作木质模型和模型底盘的主要材料，加工容易，造价便宜，天然的木纹和人工板材肌理都有良好的装饰效果。为达到模型设计与制作的要求，保证模型质量，科学合理地选择合适硬度、纹理、色泽的木材是很重要的。通常将木质类材料分为硬木、软木、夹板、航模板、装饰板材五类。

（1）硬木

具有纹理较好，抗弯力强，不易劈裂的特点。一般用做模型底盘的木框架（图2–74），如枫木、橡木、柚木等杂木。加工时主要靠凿眼开榫，用凹凸方式和胶粘剂相接，不宜用钉。成品材料有各种规格的木方、木板及装饰木线。

（2）软木

具有容易加工的特点，适合制作小模型底盘的木框架，如松木、杉木等。加工时可用钉直接连接。成品材料有各种规格的木方、木板及天花方。

（3）夹板

是利用原木或木材加工废料等人工合成的材料，有多种规格，耐磨、耐水、耐热性能较好，不易开裂、收缩、翘曲，木纹肌理美观，适合制作模型底盘的平面。

（4）航模板

即主要由泡桐木经化学处理而成的板材。这种板材质地细腻、色泽明亮、纹理清晰、极富表现力，在制作过程中可顺纹理切割，也可垂直纹理方向切割，尤其在电脑雕刻机的帮助下，更显图案精美。用于手工模型制作的板材一般长×宽为1000mm×50mm，厚度为2～5mm，也有加工成条状的，断面呈正方形，边长为2～5mm。（图2–75）。可用于制作古建筑模型、具有民族特色的房屋模型以及概念模型、结构模型、最终的设计模型等，经过喷涂处理，效果非常不错。

（5）装饰板材

包括宝丽板、防火板、薄木贴面装饰板等。目前，随着生产技术的发展，装饰板材料多种多样，比如仿金属、仿塑料、仿织物、仿石材等效果的板材。它们表面坚硬，能防磨、耐化学腐蚀、装饰效果好，常用于装饰模型底盘的四边、装饰路面。

图 2–74　模型底盘的木材质（左、中）
图 2–75　手工模型制作的板材、木条（右）

4. 金属类材料

在环境模型制作中，通常用到的金属类材料为钢、铁、铜、铝、锌、锡等板材、管材、线材。可以用于建筑某一局部的制作，如楼梯或阳台的栏杆、扶手；可以用于建筑结构骨架，如钢管做成的柱子；可以用于环境小品的制作，如铁丝弯成的立体抽象雕塑；也可以用于环境绿化，如多股铁丝制作成的模型树干；做底盘的包装及标题设计等，金属类材料也是很好的选择。需要说明的是，金属类的加工难度相对较大，对加工模具等要求也较高，因此，手工制作很难满足精度的要求，此时，采用一些型材或替代品，也许会有更好的效果。比如，我们可以用钢丝网表现球场（图 2–76 ~ 图 2–77）。

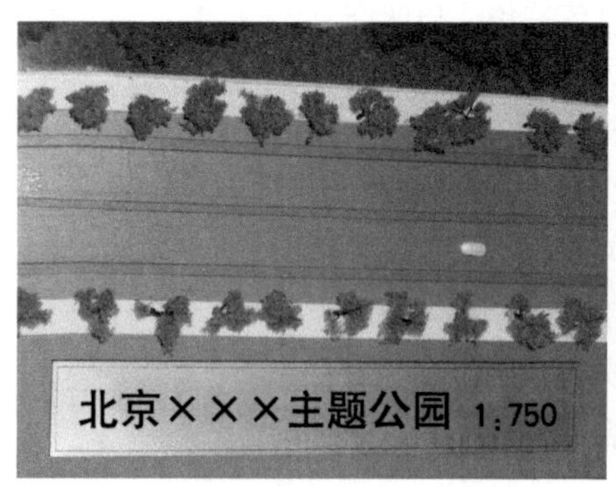

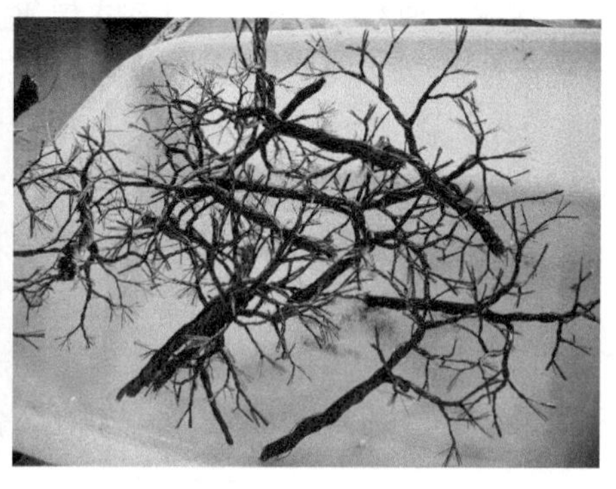

图 2–76　金属材料制作的底盘标题（左）
图 2–77　多股铁丝制作的模型树干（右）

5. 成品型材类材料

随着材料科学的发展以及模型制作行业的逐步成熟，为艺术地表达模型效果，使模型更具欣赏性，模型成品型材种类也日渐繁多，甚至一些地方如广州、上海、北京等城市有专门的模型成品型材的批发零售集散地。常用的成品型材有如下几种：

（1）模型人比例 1 ：200 ~ 1 ：25，有各种姿态。

（2）模型树比例 1 ：1000 ~ 1 ：75，2 ~ 13cm 高，有球树、行道树、景观树、杂树、花树、棕榈树、椰树等。

（3）模型车比例 1 ：1000 ~ 1 ：50。

（4）模型家具比例 1 ：25、1 ：30 的各种家具、电器，厨、卫用品等，主要用于室内模型。

（5）模型灯饰　有各式路灯、庭院灯等，是表现灯光效果的必备要素。

(6) 模型凉亭　在景观模型中经常会用到。

(7) 模型桥

(8) 模型栏杆

(9) 模型瓦　主要用于大比例展示模型的屋顶，尤其是别墅的屋顶。

(10) 模型标志

(图 2-78 ~ 图 2-83)

图 2-78　各种比例、姿态的模型人（左）

图 2-79　模型树（右）

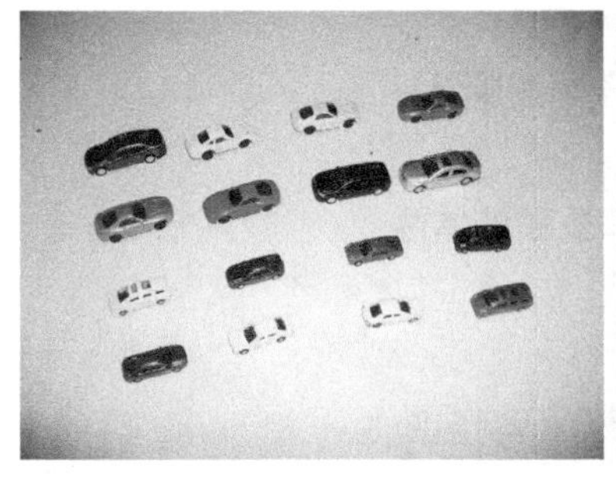

图 2-80　模型车（左）

图 2-81　模型家具(右)

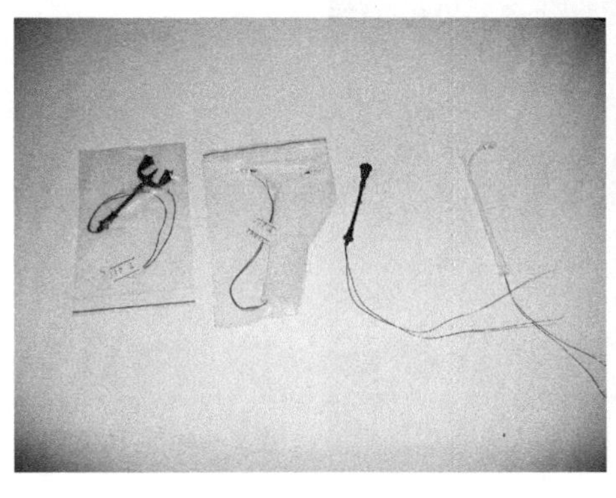

图 2-82　模型灯饰（左）

图 2-83　模型瓦（右）

以上成品型材均有多种比例规格和形式出售，我们可以根据所做模型的比例进行适当的选择。

6. 胶粘剂

在模型制作中，胶粘剂主要是将各个部分连接为一个整体，最终为我们展现一个三维的设计效果。所以，在模型制作中，胶粘剂也是必不可少的材料。常用的胶粘剂有如下几种：

(1) 白乳胶

白色黏稠状液体，粘接强度高，干燥速度慢，可粘接木质、纸质材料及草粉、绿地粉等。塑料瓶装出售。

(2) U胶

呈无色透明粘状的液体，粘接强度高，干燥速度快，耐碰撞、冲击，无明显胶痕，易保存。可粘接多种材质，使用广泛，目前比较流行。铝管装出售，德国产品。值得提醒的是，在需要油漆喷涂材料表面时，要先粘接好，待干燥后，再喷涂油漆；使用后及时拧好瓶盖，避免干燥难用造成浪费。

(3) 502胶

无色透明液体，是粘接有机玻璃、ABS板的最佳胶粘剂。但此胶有毒，且容易挥发，要注意室内通风和避光保存。

(4) 丙酮、氯仿

均为无色透明液体，是粘接有机玻璃、ABS板的最佳胶粘剂。瓶装出售。但此胶有毒，且易挥发，易燃，干燥快，要注意室内通风和避光保存。并且，使用时需用注射器。

(5) 建筑胶

白色膏状体，适用于多种材料粗糙面的粘接，粘接强度高，干燥速度慢。

(6) 普通胶

适用于各类纸张的粘接，特点与白乳胶相同，有固体胶棒和瓶装液体两种类型。百货小商店均有出售。

(7) 喷胶

罐装无色透明胶体。粘接时，只要轻轻按动喷嘴，罐内胶液即可均匀喷洒在粘接面上，数秒钟后，就可以粘贴了。粘接强度高，使用广泛简便。

(8) 双面胶带

主要用于纸质类材料的粘接。粘接强度高，使用简便。百货小商店均有出售。

各种模型胶（图2—84）的适用情况见表2—4。

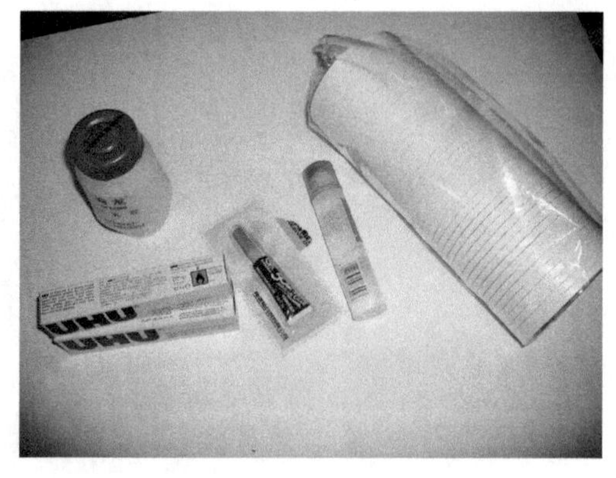

图2—84 各种模型胶

各种模型胶的适用情况 **表2—4**

序号	胶粘剂适用	胶粘剂名称
1	纸类胶粘剂	白乳胶、胶水、喷胶、双面胶带
2	塑料类胶粘剂	三氯甲烷（氯仿）、502胶粘剂 、4115建筑胶、热溶胶、hart胶粘剂
3	木材类胶粘剂	乳胶、 4115建筑胶、hart胶粘剂

7. 其他材料

(1) 天然材料

一些天然材料往往可为我们模型制作提供极大的方便，比如，在制作树木的概念模型过程中，我们就可以利用细小树枝、松树的松果、棕树或落叶松、干枯的杜鹃花、伞状花序的花等来做，只要稍加休整即可；而利用丝瓜内含并不特别紧密的纤维组织特点来做模型的大面积绿化树，也是不错的选择；一些环境小品中的雕塑、假山等则可以利用一些各色形状各异的小石子来体现等。而利用天然材料很好地为模型服务的关键是我们要有善于发现的眼光。

(2) 生活废弃物

每天我们都有许多的生活废弃物，废胶片、牙签、编织线、吸管、漏气的乒乓球、废旧画报、旧布条、废电线等。这些生活废弃物有时也可以为模型制作带来惊喜。如：利用牙签可以制作树木的树干、阳台楼梯的栏杆；废胶片可以在修剪后成为装饰性很强的材料，尤其是胶片的孔洞部分；钓鱼线可以很好地表现悬索结构模型；漏气的乒乓球可以巧妙地当作曲面屋顶；废电线中的多股铜丝是制作树干的良好材料等。

(3) 玩具饰品

在模型制作中，用一些与模型比例相当的玩具饰品可以为模型增色不少。玩具车、玩具人、玩具中的家具设施、小贴画、小干花等都可以为我们的模型服务。比如，在室内环境模型中，为增加环境的真实生动性，电视的画面就可以用一些小贴画或剪贴废旧画报来实现；而小干花的应用则又可以增添一份温馨。

(4) 海绵、绿地粉

海绵经染色粉碎后，是制作比较复杂的山地、沙滩、树木的理想材料。绿地粉则是制作大面积绿地的良好选择。

(5) 喷漆

对改善模型的色彩品质有着重要作用，比如，因为金属的加工难度较大，而为准确表达我们的设计，就可以利用木材做好模型后进行喷漆处理，效果非常不错。喷漆有手持罐装漆和喷枪用漆，各种色彩都有。需要注意的是：①喷漆的刺激性气味较大，需要在通风良好的场地进行；②对于需要喷漆的部位究竟是先喷漆后粘接，还是先粘接后喷漆，一定要考虑整个模型各部分色彩的表现；③喷漆的均匀性。

(图 2-85 ~ 图 2-92)

除上述各种材料外，一些生活办公用品均可以用来制作模型，有些用品的仿真程度还特别高，如各种色彩的曲别针可以作为环境小品雕塑，图钉可以模拟遮阳伞……只要我们在日常生活中注意观察，善于发现，就会灵活运用好我们周围的一切材料，制作出令人满意的模型，创造出让人心动的环境空间。

另外，为进一步做好建筑模型的设计与制作，我们还必须意识到建筑模

图 2-85 天然植物做模型配景（左）
图 2-86 曲别针做雕塑模型（右）

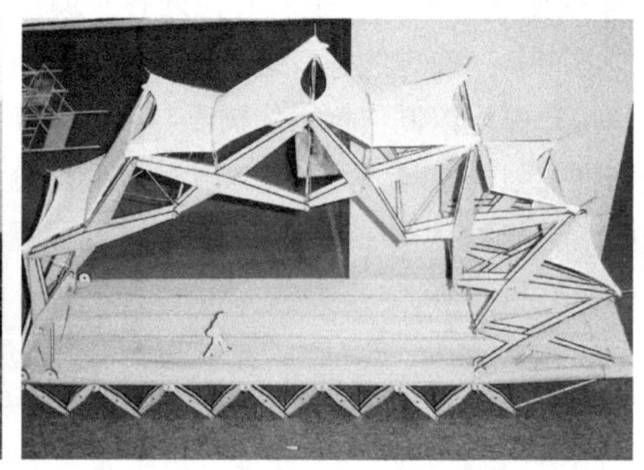

图 2-87 合适的石子是做景观不错的材料（左）
图 2-88 白丝袜制成的张拉膜结构模型（右）

型设计与制作是将图纸上的二维图像通过创意、材料组合、技法等转化为具有三维立体形态的过程，因此，建筑模型设计与制作是一种创造性、艺术性、技术性、应用性和综合性很强的设计制作工程。在建筑模型设计与制作过程中应遵循以下基本原则：

（1）科学性的原则　建筑模型由于与一般的造型艺术表现不同，它是科学、客观地表现实际环境形象，一般不允许有主观的变形、夸张、失真等。因此，在建筑模型设计与制作中要遵循科学性的原则。

（2）艺术性的原则　由于建筑及环境模型不仅具有一定的物质功能，还具有一定的精神功能和观赏性，因此，建筑模型设计与制作中的实体形象既要体现实体，又要区别于实体。在建筑模型设计与制作中要精心地对各种材料进行设计构思，要特别重视环境心理学、审美心理学等方面的研究，使建筑模型给人以艺术美的享受。

[单元小结]

从建筑模型的概念、类型、作用等方面认识建筑模型；通过设计图与模型之间的关系掌握三维立体模型与二维平面图纸之间的关系；从建筑模型设计的视觉元素，如形态、色彩、肌理、材料的特性及表现等把握建筑模型设计；从模型制作工具、设备等把握技术与模型之间的关系等。

[单元课业]

课业名称：

1. 阅读和收集相关建筑模型资料；

2. 思考材料、技术对模型的影响。

时间安排：共计 1 周（每周 8 ~ 10 学时连上）。

课业说明：个人完成。

课业要求：

1. 从各类模型图片入手加强对建筑模型的认识、欣赏。

2. 对收集的模型图片进行分类整理，各类不少于 3 个。

3. 根据专业特点，挑选出符合本专业特征的模型图片。

课业过程提醒：

1. 收集模型图片的方法：拍照、网上下载、期刊阅读翻拍或复印等多种形式。

2. 模型图片分类整理的方法：根据专业要求而定。

2 模块二　设计制作篇

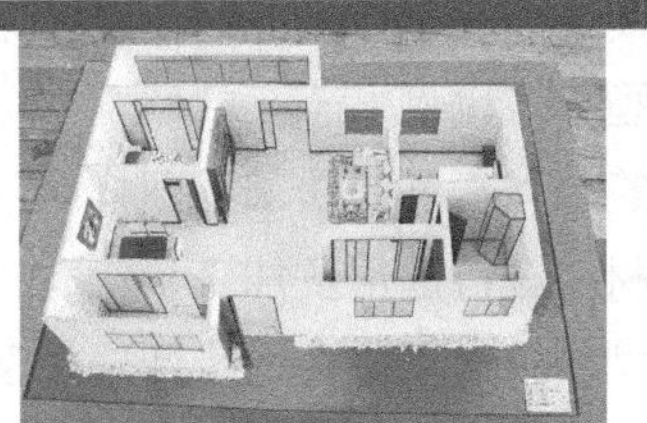

第一单元　建筑单体模型设计与制作

你是否看到过漂亮的别墅模型，也曾欣赏过一些著名建筑的设计模型？模型作为建筑形体一种最直观的表达，也是建筑设计意图最直观的体现。通过这些模型，我们感知着过去的历史与辉煌，也想象着未来的空间发展（图1–1 ～图1–4）。那么，建筑单体模型是如何进行设计与制作的呢？让我们从这里开始吧。

图1–1　某别墅模型（左）
图1–2　哈尔滨圣索菲亚教堂内部相应模型的展示（右）

图1–3　2008年北京奥运鸟巢模型（左）
图1–4　上海世博会中国馆模型（右）

学习目标：

1. 掌握设计图与模型制作的关系；
2. 了解并制定建筑单体模型制作流程；
3. 计算模型缩放比例；
4. 绘制建筑单体模型制作工艺图样；
5. 对模型材料进行选用及加工；
6. 制作模型，并用模型表达设计思想及设计意图。

[相关知识]

1.1　建筑单体模型的类型

建筑单体模型有方案模型和展示模型之分。

方案模型作为设计过程中用来分析、推敲建筑设计方案构思的一种必要手段，只要能表现建筑物之间大的空间关系、构成关系、体量关系，能够说明问题，便于进一步深入工作即可，不要求太精细。因此，对于作为建筑单体的方案模型，要力求整体、概括、简洁、易于修改，可以用泡沫块、橡皮泥、软木块等，按照设计构思切成体块，再进行粘接组合。如果做进一步的装饰设计，则可以在形体块上用卡纸、吹塑纸、彩色即时贴等作门窗与墙面装饰，当然，也可以找专业模型公司用 ABS 板做，直到满意为止。总之，方案模型只要能表现或示意出构思效果即可。

对于展示模型来说，既是一种成果展示，又要表达设计意图，更是一种造型艺术的创作。在专业模型公司，一般是由甲方（客户）提供建筑单体的平面图、立面图，必要的情况下，也提供该建筑单体不同视角的效果图，模型公司的设计师根据该建筑设计图中平面图、立面图的情况，充分发挥自己的智慧，将设计图中的有关数据信息加工处理，输入电脑进行雕刻加工，对加工好的材料，按照工艺流程交付各制作小组进行手工拼接、细部处理、上色、修整以及建筑内部灯光的线路布置等。其中，上色的过程可以参考建筑效果图中的建筑色彩，但不一定全部照搬，根据具体情况而定。建筑内部灯光布置时，要将发光装置用胶带牢固粘接在模型内部合适的部位。与此同时，设计师可以对建筑单体所需要的底盘、配景等作出设计制作安排。待建筑单体完成之后，将建筑单体固定就位，对整个盘面清理和总体调整。调整完成之后，整个建筑单体模型也就完成了。注意：整个过程中，为保证展示模型的效果，模型设计师与甲方（客户）的沟通是必不可少的（图 1–5 ～图 1–12）。

图 1–5　模型设计师对设计图中的有关数据信息加工处理（左）

图 1–6　对制作建筑模型的材料进行雕刻加工（右）

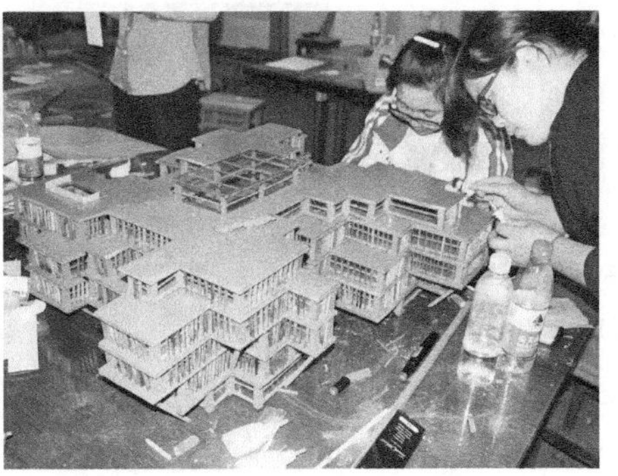

图 1–7　建筑模型拼接（左）

图 1–8　建筑细部制作（右）

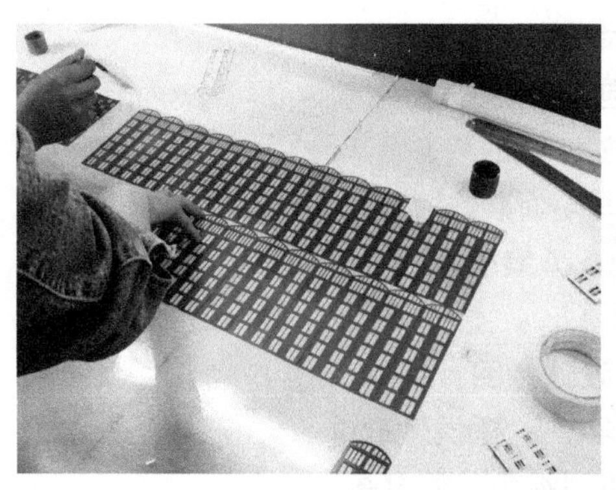

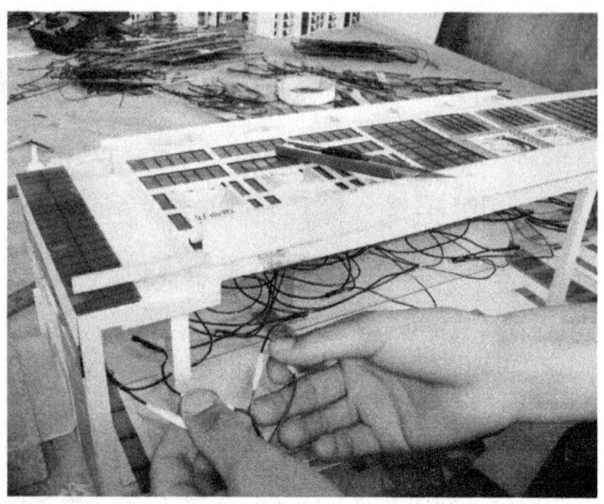

图 1-9　细部制作之二：蓝色的PVC胶片粘接窗户（左）

图 1-10　建筑内部灯光的安置：要将发光装置用胶带牢固粘接在模型内部合适的部位（右）

图 1-11　做环境（左）

图 1-12　摆放建筑（右）

1.2　建筑单体模型设计与制作流程

对于初学者来讲，具体制作流程内容如下：

1. 确定模型制作的图纸

在学校，进行模型制作训练时，任务的来源主要是根据建筑设计课题来确定模型设计制作的图纸。个别情况下也会受开发单位或业主的委托，结合教学实际操作。当然，也可以自己寻找图纸进行模型制作的训练。

寻找图纸的途径很多，如网上下载、建筑资料图集等，但一定要搞清建筑的功能。这将影响到后面模型方案的确定（图 1-13）。

2. 阅读并熟悉图纸

阅读和熟悉图纸是进行模型制作必需的环节。对建筑单体及环境模型制作来讲，在建筑红线范围内的总平面图、建筑的平面图、立面图等图纸是必备的。

（1）总平面图是确定建筑单体及环境模型位置的重要图纸。

（2）建筑的平面图中外墙轮廓线的相关尺寸是确定建筑模型墙体位

图 1-13　确定模型制作的图纸

置以及墙体上门窗位置的重要依据，而建筑平面图中的内部构造尺寸是可以不予考虑的，因为建筑单体模型呈现的是建筑外观形象。如果制作房产销售模型，用透明材料表现建筑内外，也需考虑建筑平面的内部尺寸。

（3）建筑立面图，是进行建筑单体模型制作的主要图纸，是进行模型制作下料和确定门窗尺寸位置的主要依据。针对建筑单体模型的特点，阅读图纸的过程中，对于建筑立面图中门窗洞口尺寸的大小一定与相应层数的建筑平面图结合阅读：凡是处于外墙立面的门窗洞口，宽度要从相应层数的平面图上去读，而门窗洞口高度的尺寸要从该墙体立面的标高尺寸去读。

当然，如果是根据自己的建筑设计课题来确定的图纸，那么，关于平面、立面的一些相关尺寸自然就会心中有数，只需要考虑如何将图纸上的一些尺寸转化为空间立体的造型就可以了。而如果是受委托的项目或者自己另外寻找的图纸，就牵涉到图纸是否齐全的问题，在图纸不够齐备、尺寸发生矛盾的情况下，必定给模型制作带来难度，这时，就需要通过拍照、进一步咨询等方式来对图纸进行完善或校对，以便确定模型的相关尺寸。

3. 构思和拟定模型方案

即根据模型制作任务的具体情况进行制作方案构思，内容包括：模型的比例和尺度、形体表现、材料选用、色彩搭配、底盘设计、台面的布置、环境体现等。

（1）模型的比例和尺度。作为建筑单体模型，一般来说，根据设计任务要求及设计建筑的规模，模型的比例都较大，有 1 ∶ 50、1 ∶ 100、1 ∶ 200、1 ∶ 300 等。模型的尺度会随比例确定。但一定注意，尺度的大小只是个相对概念，很多情况下，是有参照物相比的。比如，单体性的大建筑模型，宜用 1 ∶ 100 ～ 1 ∶ 200 的比例；而对于别墅性的小建筑模型，宜用 1 ∶ 50 ～ 1 ∶ 75 的比例。

（2）模型的形体表现。建筑单体模型探讨的是建筑单体与周围环境的关系、建筑物本身各部分的比例关系等，强调的是外部立面效果与体积效果。此时，因为建筑主体是模型的中心，一定要注意建筑形体的精细程度要高，但也并非完全照搬，要有所取舍。

（3）模型的材料选择。一般是在熟悉和了解材料的物理特性、化学特性、材质表现特征的基础上，根据建筑主体的风格、形式和造型进行合理选择。在制作古建筑时，一般较多地采用本质材料（航模板）为主体材料，以便体现同质同构的效果。在制作现代建筑时，一般较多地采用硬质塑料类材料。因为材料质地密度越大越硬，越有利于模型细部的表现和刻画。如：有机玻璃板、ABS 板、PVC 板、卡纸板等。这些材料质地硬而挺括，可塑性和着色性强，经过加工制作，可以达到极高的仿真程度。无论选用何种材料来制作建筑单体模型，关键要考虑能够充分地表现出其形态特征，模型一定要站得住、立得稳才行。

（4）模型的色彩搭配。主要根据建筑单体的风格来总体把握。要注意视觉艺术、色彩构成原理、色彩对比以及色彩设计的运用，切忌色彩杂乱无章。

建筑模型色彩与实体建筑色彩有所不同。其表现形式有三种：①利用建筑模型材料自身的色彩；②利用各种涂料进行表层喷涂；③利用即时贴或其他纸质包装。

（5）模型底盘的设计选用。作为学生作业或工作模型，不可能像专业模型公司一样做出硕大漂亮的底盘，但也得考虑承重要求。因此，在底盘材料的选用上，一般考虑物美价廉且容易加工的轻型板，如：PVC 板、三合板、KT 泡沫板等。台面的布置上要注意规范得体，与建筑单体风格保持协调。

（6）模型环境的体现。主要是根据建筑的类型风格进行，如：办公教育类建筑的绿化要稳重有序，建筑内部灯光表现明亮清淡；而住宅类建筑的绿化要丰富多彩，灯光则以淡黄色给人温馨；商业类建筑则还要注意商业氛围的营造，在道路两边适当布置灯箱招牌，对道路进行汽车模型的配置等，在配置汽车模型时，一定注意汽车的行驶方向，进行合理的配置。

（7）拟定模型方案。在小组成员对上述模型方案内容确定后，即按照模型任务要求和模型的构思设计，书面写出模型制作的比例、规格、各要素的制作设计材料、色彩等，以便进行模型制作工具材料的准备。必要的情况下，也可以借助电脑效果图参考拟定制作方案，如图 1–14 所示。

4. 准备工具材料

根据拟定的模型制作方案，开始准备制作模型中所需要的工具和材料。为保证模型工作的顺利进行和模型制作的创造性，有如下建议供参考：

（1）将零星的工具统一放在工具箱内，以方便使用；

（2）在材料采购之前做好预算清单，以免一次一次买材料，耗时耗力；

（3）采购的材料要从外观、加工性能等方面综合考虑；

（4）材料并非越高档越好，合理得体即可；

（5）合理利用生活中的一些废旧物、替代品。

5. 模型工艺图样的绘制——模型放样

主要是根据模型制作比例要求，确定模型工艺尺寸和拼装关系，绘制出模型制作工艺图样。如图 1–15 所示。

先是根据实物图纸绘制出模型图纸，再由模型图纸分解，绘制出模型展开图。其中，绘制模型图纸是按照实物图纸和模型制作比例计算尺寸，绘制

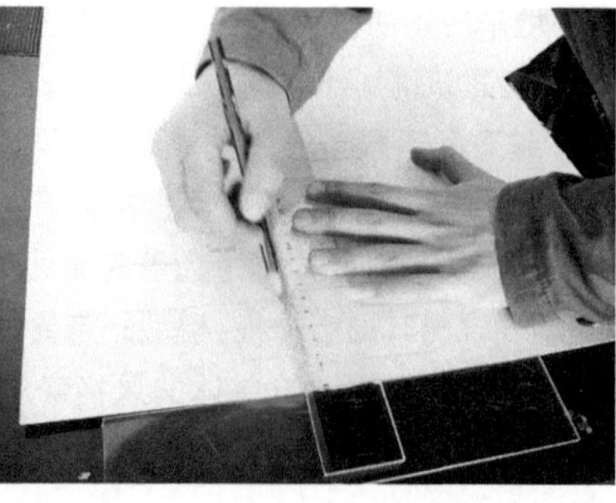

图 1–14 借助电脑效果图参考拟定制作方案（左）

图 1–15 在主材板上绘制模型制作工艺图样（右）

模型图纸，并标注尺寸。绘制模型分解展开图是按照组成模型的板块拼接关系，将模型图纸分解成多个平面图，每个平面图的形状和尺寸应保证模型外形的要求。并根据模型各板块的组成，将每个面标上字母，以示区别；再将各面一一绘制出来。要特别注意曲面在展开成平面图的过程中适当放出加工余量，以便后续的压模、精加工；同时，注意材料厚度与模型外形尺寸的避让关系，即模型分解展开图，应保证模型制作完成后，其外形尺寸满足模型图纸要求。

6. 模型的剪裁、拼接、打磨制作

模型工艺图样绘制好之后，就可以对模型材料进行剪裁、拼接、打磨制作了。

剪裁材料一般分为：划线、裁切、修整端面等。按照展开图尺寸的要求，用刀具或划线工具来准确划线。不同材料可以采用不同的划线工具。一般而言，针尖用于 ABS 板材划线；有机玻璃因为硬度比较大，故选用钩刀划线；金属板或金属表面一般选用硬质合金的针尖划线笔。对于曲线的尺寸采用两头针尖的圆规划线，还可配合曲线板划线。线性平面划线时，针尖一侧必须垂直于加工材料面，另一只手按紧钢尺，适度用力划线；接着就可以裁切；裁切之前，应用刀片沿着线槽轻轻地划几下，然后将板材上划好的线对齐操作台的边缘，一只手按紧板材，另一只手沿着操作台边缘的另一个方向用力往下按压，板材就会沿着刀划处准确地断开。对于曲线的下料，一般要借助线锯沿曲线锯开，以获得必要的、准确的形体。裁切下来的材料端面，很多时候有毛刺现象。此时，可以用锉刀或砂纸等进行修整处理。端面修整处理时要注意保持材料的垂直平整。

剪裁之后就是拼接。拼接时要根据板材的不同选用不同的连接方式：①粘接；②钉接；③榫接。其中，粘接是常用的一种连接方式。为保证粘接的牢固性，根据不同的材料选择的胶粘剂也不同。虽然模型商店里的货架上摆着许多性能不同的胶，但没有一种胶能适合所有模型单部件。一种胶对有些模型单部件来说它会很好用，而对另外一些模型单部件来说它则是不好用的，或者根本就不能用。在你的工作台上，胶粘剂（简称胶）是最重要的工具之一，学会正确选用胶粘剂才能让你的模型制作变得更轻松，也是你制作模型进步的关键。有了合适的胶，我们才能将工作台上的零乱的模型单部件粘接成完整的模型。

在粘接有机玻璃和 ABS 板时，一般选用 502 胶和三氯甲烷作为胶粘剂。在初次粘接时，应先采用点粘后进行定位，然后进行观察接缝是否严密及粘接面与面、边与边之间及与其他构件间是否合乎要求，必要时可以进行测量调整，最后在确认无误后再进行加固粘接。粘接后，检查一下接缝在美观、强度上是否合乎要求，及时擦除多余的胶液，如感觉接缝处强度不够，进行必要的加固处理。

拼接好的立面，仍需要通过锉刀、砂纸等进行表面修整处理。以确保模型表面的挺括、平直。

下面以图书馆模型（墙体）的制作案例来具体说明（图 1–16 ~ 图 1–26）。

模型制作材料有：PVC 板（主材和底盘用材）、KT 板、厚卡纸、薄卡纸、有机玻璃、即时贴、双面胶、氯仿。

操作步骤提示 1：在制作底盘材料 PVC 板上，按照构思确定好比例拓印建筑单体模型图纸或绘制模型图纸——建筑单体的平面图。

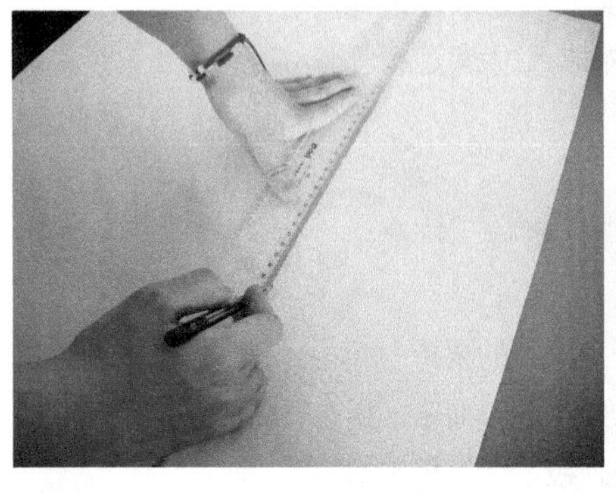

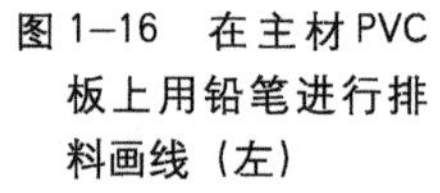

图 1–16　在主材 PVC 板上用铅笔进行排料画线（左）

图 1–17　把切割好的部分进行编号（右）

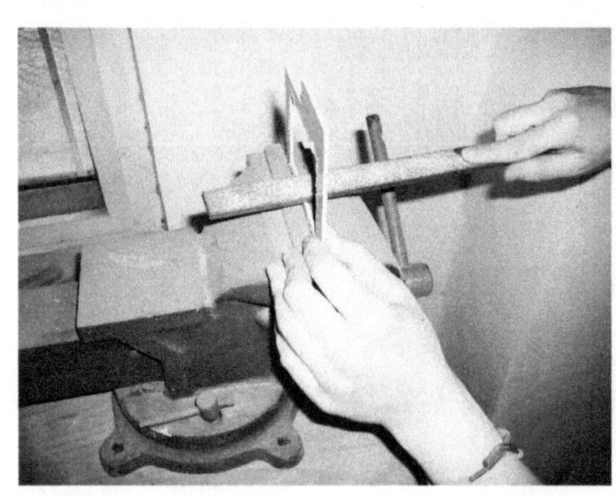

图 1–18　把切割好的材料用锉子进行打磨（左）

图 1–19　把切割好的材料用砂纸进行打磨（右）

图 1–20　对个别从内部装饰的部位要在组合粘接前完成（左）

图 1–21　把切割好的部分按相应的位置编号粘接（右）

图 1–22　在底盘对应的位置上，从一个方向向另一个方向推进粘接，注意要先内后外（左）

图 1–23　相应屋面粘接（右）

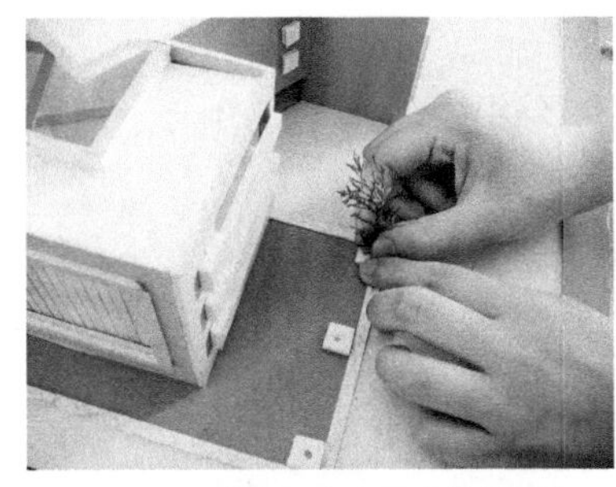

图 1–24　建筑环境中用天然柏枝做树模型制作

图 1–25　建筑环境中用即时贴等做水体制作

图 1–26　模型修饰后完成

操作步骤提示 2：按比例计算好各立面尺寸，并在主材 PVC 板上用铅笔进行排料画线。一定要注意事先计算好各个面板材料的切割线位置，以免造成材料浪费。尤其是要将建筑高度相同的各个立面按展开图同时开料。同时，考虑打磨修整余量（也可将制作模型的图纸码放在已经选好的板材上，在图纸和板材之间夹一张复印纸，之后用双面胶固定好图纸与板材的四角，用笔描出各个面板材料的切割线）。

操作步骤提示 3：检查排料画线无误后，对各立面进行切割。切割时因为主材 PVC 板硬度比较高，可以采用机械工具帮助完成，比如：雕刻机。为保证墙体接口的强度与美观，模型外墙体加工时一般要将墙体模型断面切割或打磨成 45° 斜角，两块 45° 斜角板材可以组接成 90° 的直角。

操作步骤提示 4：为保证各立面的正确粘贴组合，可以每切割完一块，就按一定顺序把切割好的部分进行编号，与此同时，找到图纸相应部位，编上同样的序号。

操作步骤提示 5：加工建筑立面镂空的部位。比如建筑的门、窗部位。因为主材 PVC 板材较硬挺，此时，可以利用钻头钻好若干小孔，然后用线锯锯割出所需要的形状。锯割时注意留出修整加工的余量。如果镂空部位比较精细复杂，就进行电脑雕刻或激光雕刻加工。

操作步骤提示 6：对建筑各部位进行精加工。将切割好的材料部件夹放在台虎钳上，根据大小和形状选择相适宜的锉刀对部件修整。当部件外形相同或镂空花纹相同时，可以把若干块夹在一起，同时进行修整加工。

操作步骤提示 7：对建筑部件立面进行表面装饰。模型立面是制作建筑单体模型表面装饰的主要部位。如墙面、门窗、柱子、台阶、屋面、雨篷等。可以根据各部件的形状以及建筑整体的风格，选用不同的材料进行表面装饰。可以贴面，可以喷涂，还可以利用材料本身色彩体现。本例中采用银灰 KT 板裁成条做墙面装饰，用有机玻璃进行墙体装饰制作。

操作步骤提示 8：对建筑部件进行组装粘接并将建筑主体各部分按顺序粘接在底盘对应的位置上。粘贴时，最好从一个方向向另一个方向推进，先内后外，不可随意粘接。要注意不同材料胶粘剂的选用，粘接 PVC 板时用氯仿。

7. 模型组装

即根据图纸将加工成型的建筑物模型在底盘上按照相应位置进行准确组装。

实际模型制作中底盘是模型中配置环境、组装建筑的基础，包括台面、边框、支架三部分，其大小、材质、风格直接影响模型的最终效果。制作要求是简洁、美观、轻巧、牢固，方便运输，符合陈列展示的视觉效果要求。

（1）底盘台面规格尺寸的确定，要根据制作的对象来定。

一般根据规划设计的平面图的尺寸，并适当放宽留有标题文字的位置即可。规划模型一般取景物的外边界线与底盘边缘不小于 10cm。如果盘面较大，则可以增加其尺寸。单体模型还要看高度和体量大小。材质上，要根据制作模型的大小和最终用途而定。目前，作为报审方案或展示的模型，一般选用的材料为多层板或有机玻璃板。对于多层板制作的底盘较大时，为了加强牢固性，要注意用木方加固，即用 30mm × 30mm 的木方钉成一个木框，根据盘面尺寸粘钉横竖木条，将盘面分成若干方格，一般方格为 500mm × 500mm 为宜。之后将多层板粘钉在木框上，放在平整处，待干燥后镶上边框。如果盘面过大，为便于制作安装和运输，可以分块进行制作，最后再拼装成整体。作为学生作业或工作模型，底盘宜选用物美价廉且容易加工的轻型板，如：KT 泡沫板、三合板、PVC 板等。

（2）底盘边框可用装饰木线、装饰防火胶合板、铝合金或不锈钢材料等制成。

目前流行的有两种：①用木边外包 ABS 板制作边框。其具体做法是：先用木条刨出所需要的边框，镶于底盘台面，便可以用 ABS 板包外边。在包边过程中，注意从盘基开始向外依次粘贴，在面与面的转折处，采用边对面的粘接形式，且在边框转角处采用 45° 角对接。包好后，要注意修整、打磨、喷色。②用珠光灰有机玻璃制作边框。其具体做法是：先测出底盘的厚度，在此厚度基础上加出 1 ～ 1.5cm，以此尺寸裁割有机玻璃条，裁割后用电钻每隔 20cm 打一孔，之后将有机玻璃条边与底盘下边靠齐进行粘贴，并用小钉子钉在事先打好的孔内。做好第一道边框的围合后，便可以做第二道围合。第二道围合用的有机玻璃条不用打孔，且用三氯甲烷粘贴，粘贴时，需将需要粘贴的两道边的上边靠齐。

（3）底盘支架（底座）根据设计方案，经甲方审定后制作。

视模型的功能、大小、经济条件等，可以采用封闭式、架空式、开启式或组合式。其高低要视底盘的面积、建筑物的高低、视觉效果等来定。比如，底盘的面积大或建筑物高的模型，底盘的支架就要低些，一般来讲，以离地面 40 ～ 50cm 为宜；反之就要高些，以离地面 70cm 左右为宜；材质上多用木制，一般面饰材料为防火板、铝塑板等，配以不锈钢装饰钉装饰。采用全塑铝板套色包装时，可与其展示处的装修风格相协调，产生统一感、时尚感。有时，对于架空的底盘支架为了充分利用空间隐蔽一些底盘盘面下的电线、真水流动循环系统、光纤灯箱之类的装置，可以将底盘支架用绒布遮挡，以显整齐美观。

另外，在模型制作完成后，为既便于观看，又防止尘埃、潮湿、人为磨损，一般的模型都要在模型上安置玻璃面罩。玻璃面罩常采用透明有机玻璃做成。小面积的面罩用氯仿注射结合就可以了，而大面积的面罩就需要应用螺丝机械分面组合。制作面罩时先做四边，后做顶盖。有的大型展示模型则加防护栏（图 1—27 ～图 1—32）。

8. 模型的艺术表现

即对建筑模型进行必要的符号标志制作，如标签、比例尺、指北针的制作；根据建筑模型设计的视觉因素影响对建筑模型的表面进行配色和涂装处理；对

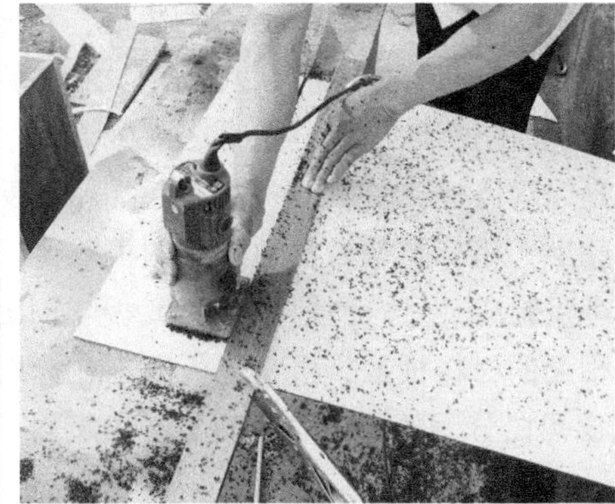

图 1—27　底座制作（左）

图 1—28　用修边机修出铝塑板的折痕（右）

图 1—29　用铝塑板包封支座（左）

图 1—30　全塑铝板套色包装底盘（右）

图 1—31　加护栏的底盘（左）

图 1—32　底盘支架用绒布遮挡并在模型上安置玻璃面罩（右）

建筑模型中的声、光、电进行配制（群体规划模型中讲述）。这是模型美化很重要的步骤。

标签、指北针、比例尺等作为模型的组成部分，一方面有示意说明功能，另一方面也有一定的装饰功能（图 1–33 ~ 图 1–36）。我们要从模型的整体效果出发，来做好这部分的制作。常见的制作方法如下：

（1）即时贴制作法即将标题、指北针、比例尺的内容用电脑刻字机刻在即时贴上，在粘贴时，将即时贴背面揭去，就可以直接将刻画内容粘贴在底盘相应的位置上。过程简捷方便，效果美观大方。

（2）有机玻璃制作法即用有机玻璃将标题、指北针、比例尺的内容制作出来，直接贴在盘面上。立体感强、效果醒目。

（3）腐蚀板及雕刻制作法，属于档次比较高的表现形式。

腐蚀板制作法是以 1mm 厚的铜板或钛金板为板底，用光刻机将标题等内容拷在板上，然后用三氯化铁来腐蚀，腐蚀后抛光，之后在腐蚀抛光后的阴字内容上涂上与模型整体协调的油漆，就能得到漂亮的标牌了。

雕刻制作法一种是以双色板（多数正面为黄色、银色，反面为红色、黑色、绿色）为基底，正面朝上，将标题等内容通过雕刻机雕除掉正面色彩层，显露出反面色彩层，就可以制成。另一种是利用 ABS 板雕刻出标题、比例、指北针等，粘接在色彩相配的材料板上，再将该板固定在盘面上即可。时下流行的利用 ABS 板雕刻出黑白分明的风向玫瑰图，不仅起到了指向作用，而且装饰性很强。

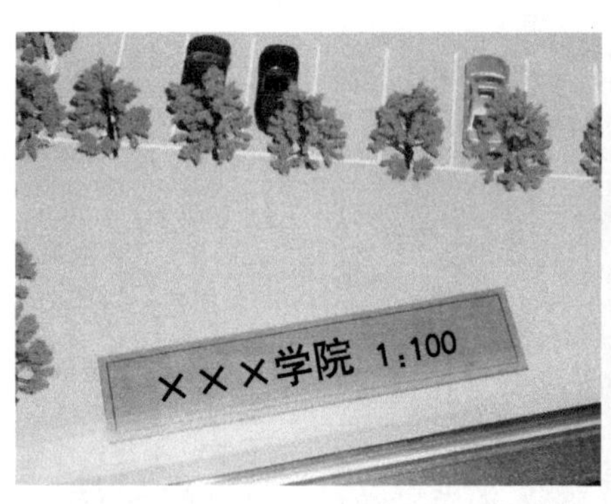

图 1–33　腐蚀板制作法制作的标题（左）
图 1–34　有机玻璃制作的标题（右）

图 1–35　利用 ABS 板雕刻出标题、比例、指北针（左）
图 1–36　利用 ABS 板雕刻出的风向玫瑰图（右）

作为学生模型训练作业，可以很好地利用卡纸或即时贴与电脑打印字体相结合的方法制作出与模型风格协调美观的标签（图 1—37 ～图 1—39）。

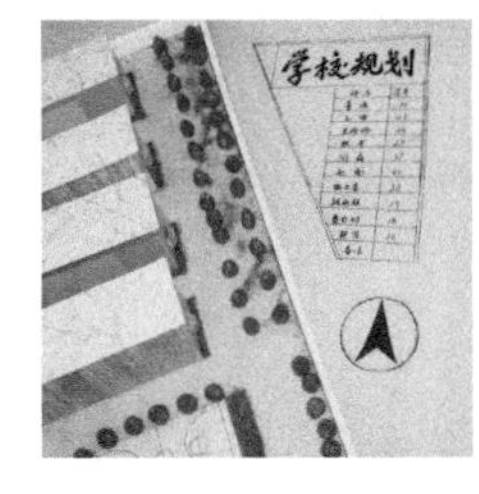

图 1—37　电脑打印字体与模型布置本身协调的学生标签制作（左）

图 1—38　与模型协调的建筑介绍标签制作（中、右）

图 1—39　规整装饰的标签制作

对于建筑模型的表面配色，需要从以下方面注意：

① 色彩的整体效果；

② 建筑模型的色彩具有较强的装饰性，色彩越细越脏；

③ 注意建筑模型色彩的多变性。色彩的种类与物理特性不同，同样的色彩所呈现的效果就不同。纸、木类材料，质地疏松，具有较强的吸附性，着色后色彩无光，明度降低；而有机玻璃板和 ABS 板，质地密且吸附性弱，着色后色彩感觉明快。蓝色、绿色等明度较低，属冷色调的色彩，会给人视觉造成体量收缩的感觉；红色、黄色等明度较高，属暖色调的色彩，给人体量膨胀的感觉。

④ 涂装过程中，注意环境的安全通风处理和卫生清洁。

⑤ 可以或涂或喷或贴相应的设计色彩（图 1—40 ～图 1—42）。

图 1—40　涂刷上色的模型色彩表达方式（左）

图 1—41　贴纸上色的模型色彩表达方式（中）

图 1—42　喷漆上色的模型色彩表达方式（右）

9. 模型完善与清理

模型制作完工后，一方面要对模型本身进行清理：将盘面上的纸屑、木屑、灰尘、胶痕等用干净的纱布、刷子等清理出去，保证盘面模型的整洁美观。如果模型表面弄脏或有油污时，可以用工业汽油或酒精擦拭清除或用肥皂水刷洗，对于表面油污渗透不深时，直接用砂纸轻轻擦出即可。另一方面要及时清理制作现场：将模型制作中所使用的工具进行整理归放，将模型制作中所使用的剩余材料合理存放，对模型制作造成的垃圾及时清扫，以保证模型制作现场的干净整洁。

1.3 案例分析

案例 1–1：某小别墅及环境模型制作（图 1–43 ~ 图 1–46）

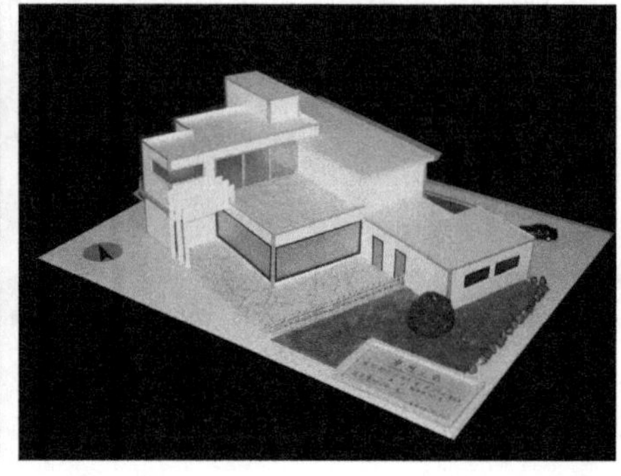

图 1–43　模型整体效果 1（左）
图 1–44　模型整体效果 2（右）

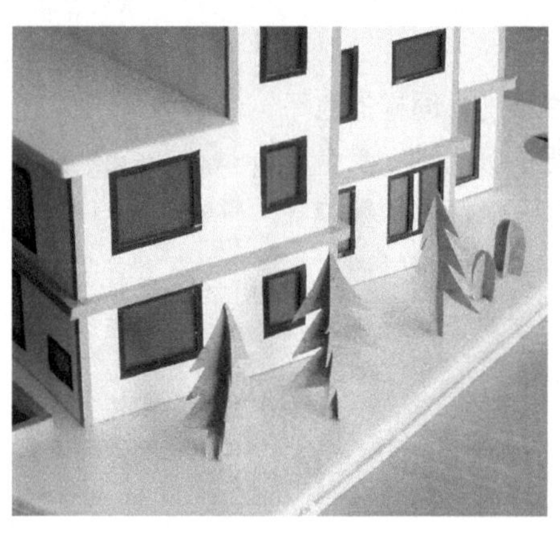

图 1–45　模型树（左）
图 1–46　模型标签（右）

该建筑模型的优点：结构稳定，色彩和谐，材料运用比较合理，如窗户采用不透明的胶片，篱笆采用牙签排列而成，绿化中的灌木采用泡沫粘绿地粉的形式等，加上比例合适的小汽车的使用，给模型增添了生动感。

不足之处：在别墅一侧的树木采用卡纸插接的抽象表达，无论是从材料还是从表达方式上都与别墅正面的绿化形式不协调；在细部的刻画上不够精细；标签制作需要进一步规范美观。

案例 1–2：某小别墅及环境模型制作（图 1–47 ~ 图 1–50）

图 1–47　模型整体效果 1（左）
图 1–48　模型整体效果 2（右）

图 1–49　模型细部（左）
图 1–50　模型标签（右）

该建筑模型的优点：整体色彩比较和谐，材料运用比较合理，如墙体采用了 PVC 板，坚挺有形；屋顶采用了瓦楞纸喷红漆的方式，逼真自然。而且对建筑细部的刻画比较精细，标签制作比较规范，与模型协调。

不足之处：绿化中的树木虽然采用了模型树的形式，但在树的布置上显得散乱，缺乏美感，树种也比较单一；想体现田园风格的碎石缺乏统一考虑（也许用仿石纹纸作出路来能更好地体现）；缺乏模型人、模型车、其他景观的配置，降低了模型的生动性。

[单元小结]

建筑单体模型设计与制作，主要是针对建筑设计专业的学生而设，本单元主要讲述了让建筑单体模型的设计制作流程及方法，并将一些设计制作方法穿插在流程中。

[单元课业]

课业名称：小别墅及环境模型制作。

时间安排：共计 5 周（每周 8 ~ 10 学时连上）。

第 1 周，确定制作模型的图纸，拟定出模型制作方案；

第 2 周，模型工具、材料的准备，模型工艺图样的绘制；

第 3 周，模型的剪裁、拼接、打磨制作；

第 4 周，模型的细部制作；

第 5 周，模型的组装、修饰完善、整理、拍摄、评价。

课业说明：以 4 ～ 6 人为单位小组，按照习作相应的比例和材料，按要求完成课业内容。

评分标准如下：

1. 建筑模型结构是否稳定（20 分）；

2. 材料选用是否合适（10 分）；

3. 色彩是否和谐（20 分）；

4. 是否有细部刻画，边角、门窗粘贴是否精细（20 分）；

5. 有无创新（10 分）；

6. 是否达到艺术效果（20 分）。

课业要求：

1. 比例 1 ： 50，规格：1000mm × 800mm。

2. 材料：建筑主体材料采用 ABS 塑料板或 PVC 板或硬卡纸板，窗户用透明胶片或磨砂胶片，底盘用 KT 泡沫板或三合板或卡纸板，地面材料和环境材料根据图纸自己设计确定。

3. 制作开始之前，以小组为单位提交模型制作方案。

4. 以小组为单位，利用数码相机记录制作过程，成型作品进行合理拍摄。所有照片建立好文件夹后交于学习委员，最后班级统一刻盘上交。

5. 标签、指北针的制作要注意规范美观。标签制作参考内容如下：

班级		模型名称	××小别墅及环境模型制作
组长		比例	
制作成员		制作日期	
模型材料名称			

课业过程提醒：

1. 制作深度上，不能为了精细原图照搬，要注意主题及表现内容，防止立面过繁，另外，还应考虑到，建筑设计图纸的立面所呈现的是平面线条效果，而建筑模型的立面是具有凹凸变化的立体效果，所以要注意模型制作尺度、表现手法和实际效果，效果表现要适度，不应破坏整体效果。

2. 要正确运用制作工具对材料进行加工。要根据建筑设计的风格、造型等，从宏观上控制建筑模型主体制作的选材、制作工艺及制作深度等诸要素。结合局部的个体差异性选择个性的制作工艺和材料。

3. 在制作屋顶时，根据所选图纸情况，可以选用不同的材料体现：瓦楞纸、瓦面成品、色纸贴双面胶剪刻成细线后平行贴于同色纸上等。选用瓦楞纸做屋顶时，注意瓦楞纸纹理与屋面排水坡度的平行一致性。如果有屋顶天台，可以用方格墙纸实现，也可以用方形几何纸刻画方格后实现，在天台上可适当用草坪纸、太阳伞、游泳池等装饰（图 1—51 ～图 1—52）。

图 1—51　选用瓦楞纸做屋顶时，注意瓦楞纸纹理与屋面排水坡度的平行一致性（左）

图 1—52　注意屋顶天台的装饰性（右）

4. 制作窗户时可以将胶片模拟玻璃窗粘在窗子位置上，但切忌透明。同时，注意对门、窗等部位的精细刻画装饰，以提升模型精致的美感（图 1—53 ～图 1—55）。

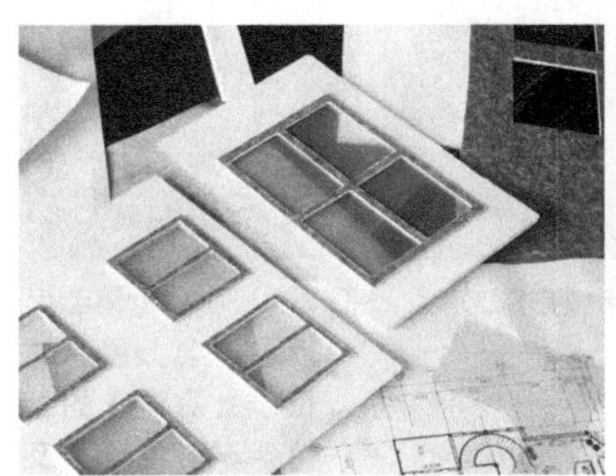

图 1—53　用绿色卡纸、胶片等精心装饰刻画模型中的窗户

图 1—54　模型中的窗户用黑色卡纸、胶片等精心装饰刻画而成

图 1—55　模型中的窗户用黄色、红色即时贴等精心装饰而成

5. 竖向墙体的连接方式有很多，如果想表现墙体的挺括，选用的材料过厚，也可以在墙体内侧做小柱子实现墙体之间的连接。

第二单元　群体规划模型设计与制作

你是否有过买房的经历？相信在售楼中心，你曾看到过此类的场景：许多人在一片秩序井然的高楼模型中找寻着自己理想的家园。你是否看到过此类的电视画面？在企事业单位的发展过程中和城市的进程中，许多领导在一些规划模型、建设成就的展示模型面前畅谈未来……在这些场景中，群体规划模型发挥着重要作用。尤其在我国城市规划业、建筑设计业、房地产业高速发展的今天，更是凸显。许多群体模型以其形象直观的艺术特点为企业赢得了市场和效益。在房产开发中，居住小区规划模型为我们选择合适的居住位置提供帮助；在企事业单位的发展过程中，单位规划模型为我们提供有效的决策帮助；在城市的进程中，城市规划模型为我们的城市建设提供有效依据（图 2–1 ~ 图 2–3）。

图 2–1　寻找理想的家园模型现场

图 2–2　从诸城市规划模型看诸城市未来

图 2–3　申办世博会大型展览会上展示的位于上海浦东的世博会场馆（右下）及周边区域建筑模型

学习目标：

1. 掌握规划设计图与群体模型制作的关系；
2. 了解并制定群体规划模型的制作流程；
3. 群体规划模型设计与制作方法；
4. 建筑环境要素的模型设计、选材及加工；
5. 用群体模型表达设计思想及设计意图；
6. 群体规划模型的声、光、电艺术表现。

[相关知识]

2.1　群体规划模型的制作流程

群体规划模型的基本制作流程同建筑单体及环境模型制作一样，但具体的流程内容却又有所不同。

1. 确定模型制作的图纸

群体规划建筑及环境模型制作所需要的图纸主要是群体规划的总平面图，根据总平面图来安排各建筑的位置、高度以及相关的道路、绿化、地形、景观等。如果选用比例较大，则还需要相关的建筑单体图、绿化景观图等。

2. 阅读并熟悉图纸

因为群体规划建筑模型，着重点在于道路交通、功能分区、绿化、公用设施、市政配套等方面的规划设计以及建筑物的群体组合和属性。在阅读过程中，要注意图纸中的建筑、道路、绿化、地形、景观关系。对图纸中的环境要做到心中有数，以便于模型方案中的取舍和搭配。

3. 构思和拟定模型方案

即根据模型制作任务的具体情况进行制作方案构思，内容包括：模型的比例和尺度、形体表现、材料选用、色彩搭配、底盘设计、台面的布置、环境体现等。

（1）模型的比例和尺度。因其规划规模不同，比例采用上就有不同。一般说，区域性的都市模型，宜用比例为 1 ：1000 ~ 1 ：3000；对小区规划模型来说，一般表现数十幢建筑物，制作比例一般在 1 ：250 ~ 1 ：1000 之间。

（2）模型的形体表现。由于制作比例和表现的规模不同，模型制作深度也不同。对 1 ：2000 以上的小比例模型或概念模型，对建筑物的制作精度要求上并不高，可以不考虑精雕细刻，只要表现建筑物的群体组合与归属类型就可以了。因此，宜用泡沫板块、有机玻璃板块为材料，按比例切割成体块模型，在不同区域的建筑喷涂不同的色彩的方法来实现。如公共建筑为红色，预留建筑为白色，现有建筑为灰色等。而对于目前市场需求最大的小区规划模型来讲，其实就是建筑单体模型的延伸，但考虑的模型因素要比建筑单体复杂些：小区边界、小区内外的道路、小区内各建筑的位置、休闲广场的设置、各类设施小品的设置、绿化的种类和层次等因素都需要在制作过程中考虑。

（3）模型的材料选择。建筑的模型材料可以参照建筑单体模型实施，而在环境模型材料的选择上，结合教学实际，学生首先要考虑的是可以选用一些易加工、成本低、能说明问题的材料。比如：橡皮泥、包装纸、小树枝、小石子、玩具、一些日常生活用品等，只要比例合适，与模型相宜，都是可以考虑的。

（4）模型的色彩搭配。不仅要注意规划区域内建筑环境的整体性、协调性，还要注意绿化的层次丰富性。绿化可分为不同的色彩，从绿化种类上要分出行道树、绿篱、草坪、灌木丛等，同一色相上的绿化要作出层次感。同时，要根据群体规划模型的类型与环境需要来强调灯光效果，注意光环境氛围的营造，对建筑内部灯光、路灯、地灯等要做合理的表现。尤其是小区规划模型的灯光效果，是现代模型效果中非常重要的环节，因为“万家灯火”的感觉会使更加模型生动、逼真，会让人更加留恋。

（5）模型底盘的设计选用。作为学生作业或工作模型，在底盘材料的选用上，一般考虑物美价廉且容易加工的轻型板，如：PVC 板、三合板、KT 泡沫板等。台面的布置上要注意规范得体，与群体规划风格保持协调。

（6）模型环境的体现。主要是结合群体规划建筑情况，对道路、绿化、灯光进行布置等，以增强群体规划模型的展示性。

（7）拟定模型方案。在小组成员对上述模型方案内容确定后，即按照模型任务要求和模型的构思设计，书面写出模型制作的比例、规格、各要素的制作设计材料、色彩等，以便进行模型制作工具材料的准备。必要的情况下，也可以借助电脑效果图参考拟定制作方案。

4. 准备工具材料（同建筑单体模型）

5. 进入模型制作阶段

首先，要根据群体规划规模的大小以及实际需要规划好模型的底盘，并对底盘进行制作。如果盘面过大，为便于制作安装和运输，可以将底盘分块进行制作，最后再拼装成整体。同时，因为群体规划模型中，环境和建筑的制作比重都很大，因此，制作好底盘后，可以同步进行建筑和环境的模型制作（也可以将建筑模型制作和底盘制作、底盘盘面上各环境要素制作同步进行）。建筑模型部分的制作要点同建筑单体模型制作。现就群体规划中各环境要素的制作重点讲述。主要包括：地形、道路、场地、树木、草地、绿篱、假山、雕塑、浮雕、水体、设施小品、车船、桥梁、围墙、栅栏、护栏等模型制作。

（1）地形制作

建筑地形的处理，要求制作的模型要有高度的概括力和表现力。对于平地来说，制作相对简单容易些，而山地则因为受山势高低变化的影响有些麻烦。因此，一定要根据图纸及具体情况，先策划出一个具体的制作方案。一般从以下几方面考虑：①表现形式是用抽象的还是具象的。一般情况下，由于抽象表现要求制作者和观赏者要具备较高的概括力和鉴赏力，不轻易采用，因此，大多数情况下，均采用具象的表现形式。②因为山地多为堆积的方法制成，因此，在材料选用上，一定要根据比例和高差合理选用山地的制作材料。③在制作精度上，要根据模型的用途而定。用来进行研究的工作模型只要体现高低起伏和高度即可，而展示模型则就要体现一种形式美，同时，还要结合绿化的情况考虑，避免做很多的无用功。因为，山地通过绿化后，裸露部分就不多了。

主要制作方法如下：

1）叠层堆积法

叠层堆积法适用于山地变化较大的情况（图 2-4）。具体步骤如下：

①根据模型制作比例和图纸标注，将等高线高差分成若干等份；

②按等分的高度选择好厚度适中的轻型板材如：泡沫板、纤维板、纸板等；

③将各等高线分别绘于板上；

④按照绘制的等高线用电热锯或钢丝锯切割成型；

⑤将切割成型的板用乳胶层层叠粘；

⑥干燥后用刀、砂纸等修整成型。

图 2-4　叠层堆积法做山地模型

2）拼削和石膏浆涂抹法

即利用轻型板材制作，如：泡沫板叠加到最高度后，按照等高线的位置，沿高低方向切削相应的坡

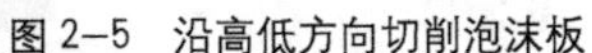

图 2–5　沿高低方向切削泡沫板

图 2–6　沿切削后的坡度涂抹石膏浆

图 2–7　石膏浆干燥后撒粘绿地粉

度。或者直接利用较大体积块的泡沫切削而成。切削后注意修整成自然的坡度，然后涂抹石膏浆，待石膏浆干燥后，进一步休整，最后可以在上面撒粘绿地粉形成自然的山地。这种方法做出来的山地比较逼真（图 2–5 ～图 2–7）。

3）石膏浇灌法

即将地形的等高线直接绘制在底盘上，用木棍、竹签或铁钉定出地形的高低变化点，再用石膏纸浆、泥沙等材料浇灌上去。可分层浇灌，直至最高点。塑造成型后，再用竹片或刀片适当修整出理想效果。多用于山丘等变化不大的地形。

4）玻璃钢倒模法

即按照地形图的要求，用黄泥或石膏浆塑造立体山丘坡地等，然后按玻璃钢材料的配方在模具上涂刷，制成轻巧、坚固的空心山丘坡地模型。方法比较麻烦，造价也高，但地形效果柔和逼真。一般在成批量生产时使用。

(2) 道路、场地制作

道路是模型盘面上的重要组成部分。由于道路的种类不同其表现方法不尽相同，在制作时，应根据道路的不同功能以及比例的变化而选用不同质感和色彩的材料。

1）车行主干道、次干道：一般情况下，选用色彩较深的材料。常用深灰色的即时贴裁剪制作，很方便。同时，用黄色、白色的即时贴裁剪成细条制成快车道、慢车道、人行横道线等标志。其中，人行横道线也可以用 ABS 板按照比例间距雕刻而成（图 2–8、图 2–9）。

2）人行道：选用色彩稍浅并有规则的网格状材料。图案可以由 ABS 板雕刻时调整雕刻深度形成（图 2–10）。

3）街巷道：选用色彩浅的材料。

4）乡村道路：可用 60 ～ 100 号黄色砂纸按照图纸的形状剪成。一定要粘紧粘牢接头，防止翘起。

5）别墅和景观小路：根据设计内容需要，可用各类石纹纸制作。也可以由 ABS 板雕刻时调整雕刻深度形成各种图案，再进行上色处理（图 2–11 ～图 2–14）。学生在手工模型制作中也可以运用鸡蛋壳打碎后粘贴出景观小路效果。

图 2-8　分快车道和慢车道的车行主干道，注意汽车模型的摆放方向

图 2-9　有人行横道线的车行主干道

图 2-10　人行道利用 ABS 板或花纹卡纸直接刻画

图 2-11　由 ABS 板雕刻时调整雕刻深度形成各种图案可以用作模型园路表达（左）

图 2-12　用石纹纸制作的景观小路（右）

图 2-13　由彩石石砾制成的景观小路（左）

图 2-14　学生习作中的景观小路，石子偏大了些（右）

6）铁路：可用铁丝网或黑色塑料窗纱裁成，也可以在透明有机玻璃片上用油性黑针管笔绘制。如果比例很大，则可将有机玻璃片或赛璐珞板裁成薄的细条制作，也可以用铁丝或铜丝焊接后喷涂黑色油漆制成（图 2-15）。

粘贴道路时，为了接缝的严密，一般采用压接方法。同时，一般先不考虑道路的转弯半径，暂处理成直角，待全部粘贴完毕后，再按照图纸要求进行弯道处理。对于比例较大的如 1 ： 300 以上的建筑模型道路，还要把

图 2-15　电车轨道用有机玻璃片喷色制成

道路的高差反映出来，视模型的深度，考虑是否进行路牙镶嵌的处理。

场地在建筑外环境中大多是指各类广场，如：市政广场、休闲娱乐广场、商业广场等。往往与道路紧密联系。在模型制作时，可以根据广场的功能作用，在广场基面用材（如 ABS 板）上，用刻线后或绘线的办法表现广场砖的效果，也可在路面材料上直接粘贴方眼纸、方格墙纸、岗纹纸、石纹纸或有机玻璃等，以增加场地光滑、肌理等质感，同时，可以使建筑物产生反光、倒映的视觉效果。一般情况下广场与路面高差不大，基面之间的衔接比较容易处理。但对于下沉式广场的处理就要相对复杂些，常常需要先下挖一定高度后再做场地基面处理。学生作品中的广场场地，常用有纹理的厚卡纸来实现（图 2–16 ~ 图 2–20）。特殊情况下的场地有沙滩、体育场地等。其中，沙滩场地可以用实际沙子模拟，也可以用砂纸来做；体育场地则可以用直接按照场地形状先粘贴即时贴，再粘贴草绒纸的形式来实现，也可以按照场地形状粘贴不同色彩的植绒纸来实现，如跑道用红色，场地用绿色。在表达跑道和场地的材料上均要用广告色按比例绘出一定的白色线条，以表达一种真实的效果（图 2–21 ~ 图 2–23）。

图 2–16　商业广场用 ABS 板浅雕而成（左）

图 2–17　休闲娱乐广场用 ABS 板浅雕后上色而成（右）

图 2–18　广场铺地方式用 ABS 板浅雕后刻画上色而成（左）

图 2–19　下沉式广场的处理相对复杂些，先下挖一定高度后再做场地基面处理（右）

图 2–20　学生作品中的广场场地，用有纹理的厚卡纸来实现（左）

图 2–21　实际沙子模拟的沙滩场地（右）

图 2–22　用不同色彩的植绒纸制作的体育场地——跑道用红色，场地用绿色（左）

图 2–23　学生作品中的体育场地，用草绒纸、即时贴等材料来实现（右）

(3) 绿化制作

绿化是环境中必不可少的要素。绿化的形式多种多样，如：草坪、树木、树篱、花坛等，模型制作表现上，也就不尽相同。不同的绿化形式有不同的绿化制作方法。

1) 普通绿地（草坪）：在整个盘面中所占比重较大。一般情况下，为显得稳重，同时，为加强与建筑主体、绿化细部之间的对比，大面积绿地常选择深色调的颜色，如：深绿、土绿或橄榄绿等，如果选用大面积的浅色调颜色时，则一定注意考虑与建筑的协调关系，或通过其他配景来调整色彩的稳定感，以免造成整体色彩的漂浮或刺眼。

在制作时，可以在模型材料店或文具店购买草坪纸直接进行粘贴制成，也可以买绿地粉在涂好大白胶的地方进行铺撒，还可以用锯末来代替（图 2–24、图 2–25）。

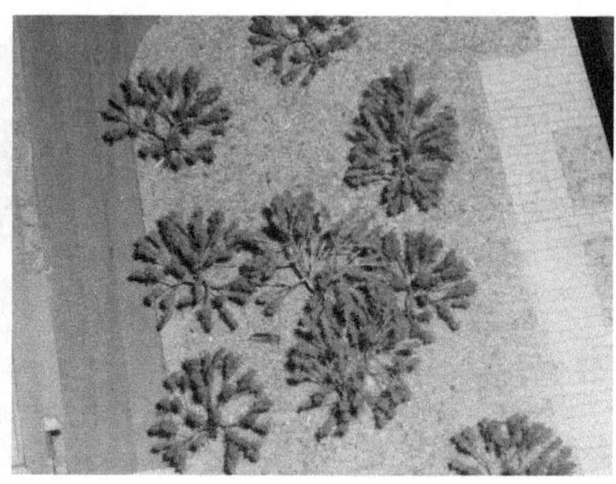

图 2–24　模型中绿地粉的应用（左）

图 2–25　用锯末做绿地（右）

2) 山林绿地：与普通绿地相比，是通过多层制作形成。首先是将山地造型修整后，用废纸遮挡不需要绿化的部分，然后用绿色自喷漆做底色均匀喷涂处理。第一遍喷完后，检查是否完全覆盖基础材料，进行修整，之后再喷涂待干，干燥后就可以将胶液刷涂在喷漆层上，根据山地变化均匀地铺撒绿地粉。待完全干燥后，将多余的绿地粉清除，对缺陷处进行修整即可。其实，有些模型的山林绿地如果加上树木后，裸露在外的山林绿地就不多了（图 2–26、图 2–27）。

图 2–26　铺撒绿地粉的山林绿地（左）
图 2–27　山林绿地如果加上树木，裸露在外的山林绿地就不多了（右）

3）树木：树木是绿化的一个重要组成部分。大自然中的树木千姿百态，球形的、锥形的、柱形的、伞状的……那么，在模型中树木的制作也就多种多样，以满足不同地方、不同比例、不同用途的模型需要。

● 天然物质制作树木　如松果，小树枝、丝瓜瓤等经过稍微修整即可成型。这种做法往往会在学生习作中出现（图 2–28 ~ 图 2–30）。

图 2–28　学生习作中松果的运用

图 2–29　学生习作中小柏枝的运用

图 2–30　学生习作中树枝的利用

● 日常生活品制作树木　如毛线、化纤洗碗巾、钢丝球、废旧电线、铁丝、木球、木条、钢珠、塑料珠、螺钉等均可以利用（图 2–31 ~ 图 2–37）。

图 2–31　钢丝球制作的树木（选自《模型思路的激发》）

图 2–32　螺钉、木球等制作的树木（选自《模型思路的激发》）

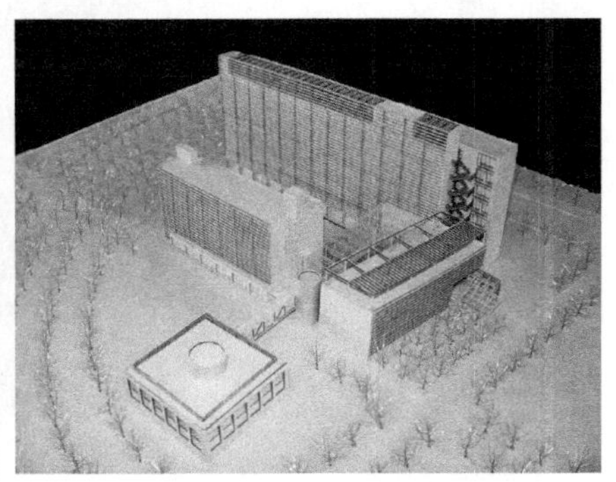

图 2–33　方案模型中的铜丝作树

图 2-34 学生习作中的铁丝作树（左）
图 2-35 概念模型中的塑料珠作树（右）

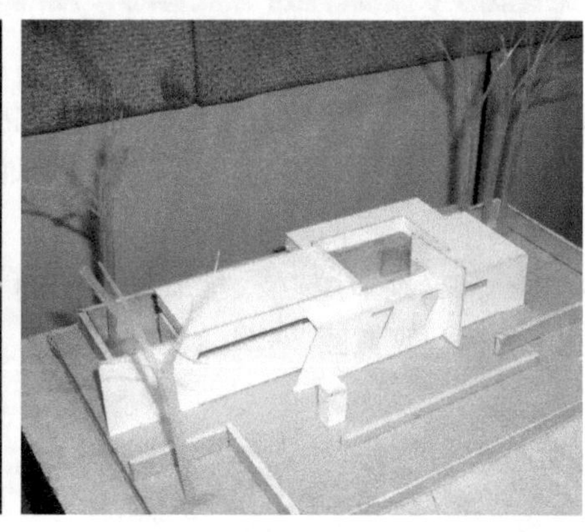

图 2-36 学生习作中的木条作树（左）
图 2-37 学生习作中的吸管作树（右）

● 用纸制作树木　在学生方案模型中比较流行且抽象的表现方法。一般选用带有肌理的卡纸，按照比例裁剪后，进行十字插接就可以了。表现南方热带植物时，也可将卡纸卷曲成型。同时，也可以用瓦楞纸作树（图 2-38 ~ 图 2-42）。

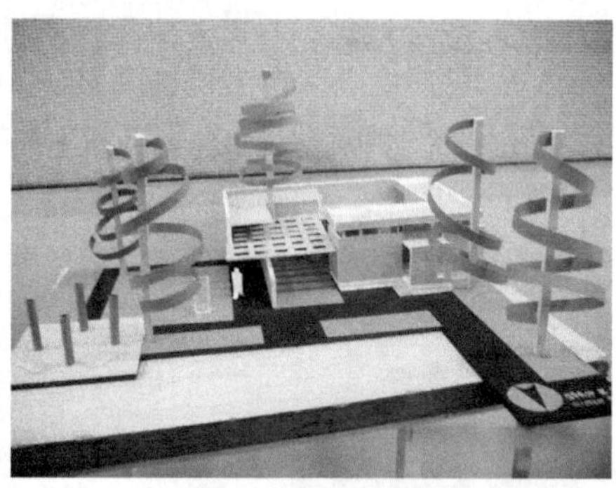

图 2-38 学生习作中剪后穿插的卡纸树（左）
图 2-39 学生习作中的卡纸弯曲后制成的模型树（右）

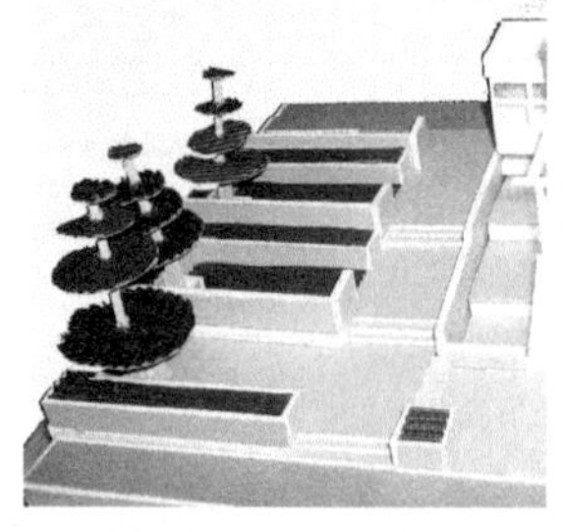

图 2-40 大大小小的瓦楞纸穿起来作树

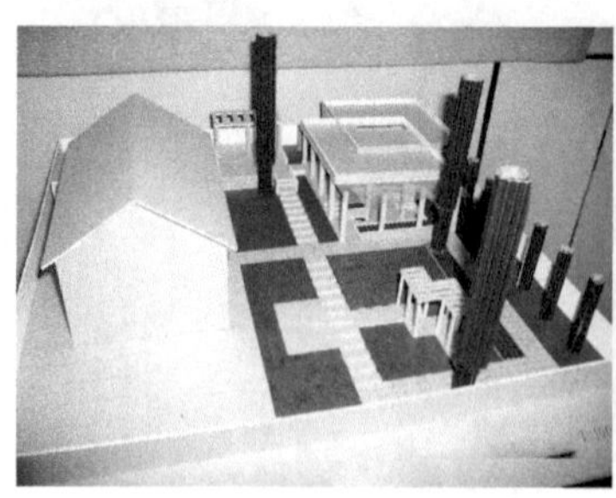

图 2-41 瓦楞卷起来作树木

图 2-42 瓦楞卷起来作树木

● 用干花制作树木　是具象的表现方式。根据模型需要用细铁丝捆扎后修剪成型，还可进行喷色处理，视觉效果很好。

● 用泡沫塑料制作树木　有细孔泡沫塑料（海绵）和硬泡沫塑料之分。对于抽象的树木，常用硬泡沫塑料剪成球状或锥状插上牙签制成。而对于具象的树木，则往往使用细孔泡沫塑料（海绵），而且要用颜料（专业公司常用酚醛树脂漆）染成深浅不一的颜色，干燥后粉碎，并装在容器中待用。将事先做的树干（多股电线去皮后的裸铜丝拧成，适当部位分叉表示树的枝杈）涂上胶液，然后将涂上胶液的树干放在装碎海绵的容器中搅拌，待涂胶部分粘满海绵后放置一旁干燥，干燥后用剪刀修整成树型即可。需要注意的是要根据模型树的位置需要，将树干做出各种符合大自然规律的树木造型，才能做出造型逼真的模型树木。比如，位于道路两边的树、位于水边的树以及山地中的树各有不同，因此，常用不同的树干来体现（图 2–43 ~ 图 2–49）。

图 2–43　学生习作中将硬泡沫塑料剪成球状或锥状插上牙签，撒上绿地粉制作的树（左）
图 2–44　用细孔泡沫塑料（海绵）做树之前修剪树形（右）

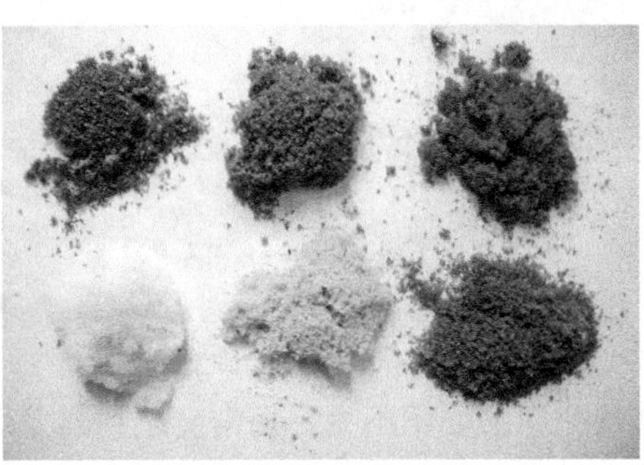

图 2–45　修剪成形插在泡沫板上待用的树形（左）
图 2–46　粉碎后的待用海绵粉（右）

图 2–47　用胶液粘海绵后的树

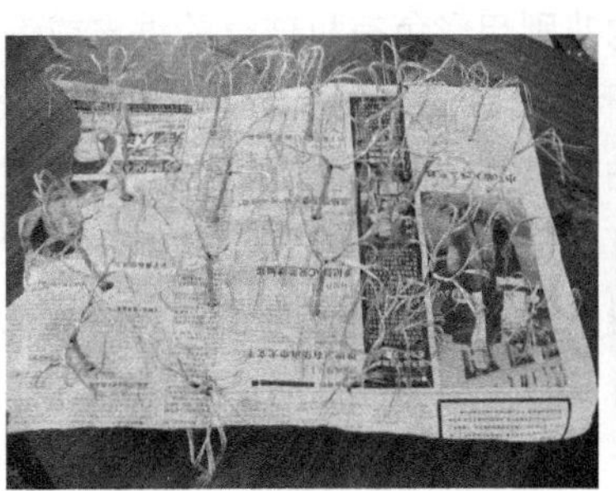

图 2–48　柳树树干造型

图 2–49　常用在水边的柳树模型

● 成品模型树　在绿化过程中，常用成品模型树来丰富树木的造型和色彩层次。可以在模型材料店购买到不同比例和不同造型的模型树加以应用（图2—50、图2—51）。

图2—50　成品模型树（左）
图2—51　成品模型树的运用（右）

4）树篱：由多棵灌木排列并通过修剪而成的一种绿化形式，常见于道路旁。在表现这种绿化时，视模型比例的大小而制作的深度也不同。比例较小时，可直接用绿色百洁布或泡沫条（粗孔海绵）来做。如果比例较大，则要先制作与树篱尺寸相当的一个骨架，涂上胶液，然后将粉碎好的海绵堆积在上面即可。堆积时注意其体量感是否能满足预期效果，实在不行就重复多次进行（图2—52、图2—53）。

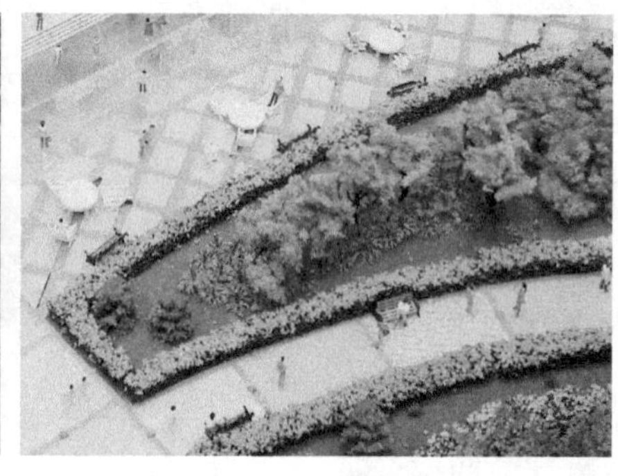

图2—52　泡沫条（粗孔海绵）做的树篱（左）
图2—53　堆积的树篱（右）

5）花坛：花坛在绿化中的面积不大，但常会起到画龙点睛的作用。因此，花坛的制作在模型中也不可小视。对于小比例的花坛，可以将花坛按照需要的形状用塑胶条或木条围好，内部的花则用彩色有机玻璃的锯末或泡沫塑料粉喷洒在泡沫胶带上制成，也可以草坪纸或百洁布条上涂上乳胶再撒上花粉制成，还可以用镊子将花粉逐个粘乳胶贴在剪好的圆形草坪纸上。需要提醒的是，制作模型或装修的单位都有锯末，可以适当收集。泡沫塑料则在日常生活中就可找到。将泡沫塑料粉碎后就可以得到泡沫塑料粉。对于大比例的花坛，可以用假花来体现（图2—54、图2—55）。

6）其他绿化方式如长廊花架、丛林等在展示模型中则完全可以通过假花来体现，在学生作品中则可以借助天然花草来实现（图2—56～图2—58）。

图 2-54　学生习作中用染色的碎纸片来体现花坛（左）
图 2-55　假花体现的花坛（右）

图 2-56　用假花竹子模拟竹林（左）
图 2-57　学生习作中天然花草的利用(中)
图 2-58　学生习作中天然花草的利用(右)

绿化在模型制作中必不可少，但对于不同的模型来说，绿化所体现的内容也各不相同。因此，在制作不同的模型时，应根据模型表现的重点内容，选择合适的绿化形式，切不可喧宾夺主，破坏与模型主体的协调。

模型制作中绿化部分制作的注意事项：

● 作为建筑模型中的树木，不可能也绝对不能如实地描绘，必须进行概括和艺术加工。在设计塑造树种的形体时，一定要本着源于自然界、高于自然界去进行。要特别注意模型比例的影响，树木高度一般要控制在 3 层楼高度以下。

● 进行大比例群体建筑绿化时，应简洁、示意明确、清新有序；不要求新求异，切忌喧宾夺主。树的色彩选择要稳重，树种的形体塑造应随建筑主体的体量、模型比例与制作深度进行刻画。进行大比例别墅模型绿化时，表现形式可以做得新颖、活泼，给人一种温馨的感觉，塑造一种家园的氛围。树的色彩可以明快些，但不要过于明快，以免给人漂浮感。树种的形体塑造要有变化，有详有略、详略得当（图 2-59）。

● 进行小比例规划模型绿化时，表现形式和侧重点应放在整体感觉上。因为，此类建筑模型的建筑主体由于比例尺度较小，一般是用体块形式来表现，其制作深度

图 2-59　大比例小区模型绿化中丰富的树木色彩表现

远低于单体展示型模型的制作深度。在制作时，主要将行道树与组团、集中绿地分开。在选择色彩时，行道树的色彩可以比绿地的基色深或浅，要与绿地基色形成一定的反差。这样处理，才能通过行道树的排列，把路网明显地镶嵌出来，使绿化具有一定的层次感（图 2–60）。

● 园林景观模型中，要特别强调园林的特点。园林规划模型的绿化占有较大的比重，同时还要表现若干种布局及树种。要把握总体感觉，根据真实环境设计绿化，在具体表现时，一定要采取繁简对比的手法来表现，重点刻画中心部位，简化次要部分。切忌机械地、无变化地堆积和过分细腻地追求表现（图 2–61）。

● 对树木栽种布盘时，先在所要栽种树的位置用工具打眼，然后用镊子把树木夹起并安放在打眼的孔内进行定位，最后用胶点在孔内对树进行加固处理（图 2–62）。

图 2–60　小比例规划模型的绿化，表现形式和侧重点应放在整体感觉上

图 2–61　园林景观模型的绿化要繁简对比、重点刻画

图 2–62　用镊子把树木夹起并安放在打眼的孔内进行定位

(4) 假山、雕塑、浮雕的制作

在环境中，假山、雕塑、浮雕往往只是作为景观小品出现。在模型表现深度和形式上，要根据模型的比例和主体深度而定。一般来说，表现形式上要抽象化，只要做到比例适当、形象逼真即可。因为这类小品的物象是经过缩微的，没有必要，也不可能与实物完全一致。

1) 制作假山：碎石块、碎有机玻璃块、橡皮泥、各种做盆景的吸水石、大孔塑料泡沫均可作为假山模型的材料。根据需要可做切削和喷色处理。同时，适当粘贴少数绿色草粉或花粉，效果很好（图 2–63、图 2–64）。

2) 制作雕塑：可用的材料很多。橡皮、粉笔、纸粘土、石膏、铁丝、彩色曲别针、卷曲卡纸等都可以用来制作雕塑，根据需要可做雕刻喷色处理。另外，利用玩具店、精品店、首饰店、工艺品店的成品，如缩微几何形体或生肖动物等，合理进行配置，也是不错的选择。自行车的钢线、钢珠、不锈钢片、玻璃球以及厚纸板贴上不锈钢效果的即时贴等也可以用来制作雕塑模型（图 2–65 ～图 2–67）。

3) 制作浮雕：可将很薄的金属片，如薄铜片等裁切好后，用刻蜡纸的铁笔在金属片的背面画上图案，翻过来用建筑胶粘贴在需要的部位即可。也可用 ABS 板雕刻出图案后粘接而成（图 2–68）。

图 2–63　碎石块制作假山

图 2–64　吸水石制作假山

图 2–65　塑料玩具是用作雕塑模型的很好选择

图 2–66　学生作品中轻型泡沫切削做成的雕塑

图 2–67　学生作品中卷起的卡纸做成的雕塑

图 2–68　ABS 板雕刻出图案后粘接的浮雕

（5）水体制作

人天生具有的亲水性，使各类水体景观在周围环境中经常出现。如：水池、喷泉、人工瀑布、游泳池等。尤其是园林景观中，更是必不可少。关于水体的模型表现，应随模型的比例及风格的变化而变化。

在制作模型比例比较小的水面时，可以将水面与路面的高差忽略不计。当制作模型比例比较大时，首先要考虑如何将水面与路面的高差表现出来，将模型中水面的形状和位置挖出，然后将透明有机玻璃板或水纹片（如流水纹片、湖水纹片、细水纹片、动感水用偏光膜等，仿真程度高）按照设计高差贴于漏空处，并在板下喷涂蓝色即可，效果都很好。学生作品中常采用以下方法解决：①直接用蓝色即时贴按照水面形状剪裁粘贴；②用广告色直接涂刷；③用透明有机玻璃板喷涂蓝色（图 2–69 ～图 2–74）。

至于人工瀑布、喷水池等模型，在专业模型制作中完全可以利用现代科技，将光电组合后形成一种动态效果，将水的流动感呈现出来，使模型更加生动活泼。或者模仿鱼缸的微型流水装置，在模型中设置真水流动循环装置功能，并将光纤的光点部分布置在水中，不仅可做出流动的感觉，还可以创造出光影互动的效果。而学生习作中将吸管剪开卷曲形成的喷泉效果也非常活泼有趣（图 2–75、图 2–76）。

图 2–69 流水纹片样品（左）
图 2–70 水纹片的直接使用效果（右）

图 2–71 水纹片背面涂上蓝色后展示的水面效果（左）
图 2–72 透明有机玻璃板背面涂上蓝色后展示的水面效果（右）

图 2–73 学生习作中用蓝色即时贴剪裁粘贴的水面效果（左）
图 2–74 学生习作中用广告色直接涂刷的水面效果（右）

图 2–75 光电组合后形成水的动态效果（左）
图 2–76 学生习作中将吸管剪开卷曲形成的喷泉效果（右）

(6) 设施小品制作

环境设施小品的位置、体量、色彩、造型等都对环境的整体效果产生影响，直接反映环境的实用性、观赏性，是环境构成的重要因素。如：电话亭、垃圾箱、公共厕所、各式座椅、路灯、交通信号灯、游乐器械等。

对于设施小品的模型制作，可充分利用日常生活中的一些相似品或玩具等替代制作，只要比例合适就行。如图 2—77、图 2—78 所示，用狮身打火机稍加处理，就可以成为带狮头造型的喷泉场景模型，很生动。因为这些物品也是经过模具加工的，比较规范。也可以用 ABS 板雕制，或者用牙签等粘接而成（图 2—79 ～图 2—82）。

图 2—77　狮身打火机（选自：王双龙著的《环境设计模型制作艺术》）（左）

图 2—78　带狮头造型的喷泉场景模型（选自：王双龙著的《环境设计模型制作艺术》）（右）

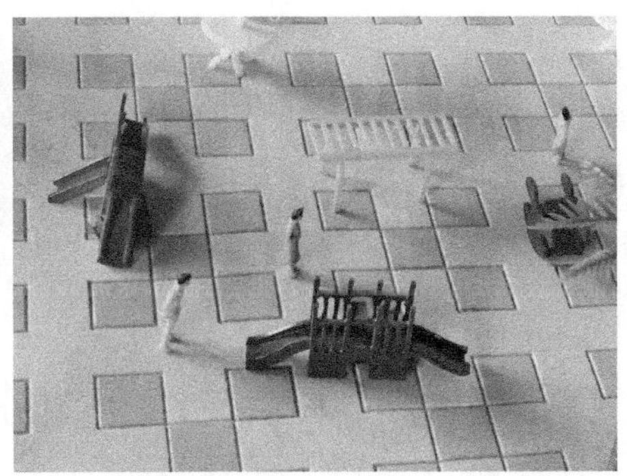

图 2—79　用 ABS 板雕制的座椅（左）

图 2—80　用 ABS 板雕制的游乐器械（右）

图 2—81　学生习作中用圆形牙签、厚卡纸、棉线制作的秋千（左）

图 2—82　学生习作中用圆形牙签制作的座椅（右）

在1∶300以上模型中常见的交通设施有路灯、交通信号灯、地灯等，路灯有按比例的成品出售，单头灯和双头灯均有，且带有电线可接电源发光。也可以进行自制，方法很多：①用大头针、圆形牙签、回形针弯制；②用珠光针球（衬衣珠针）或项链珠及电线套管制作，针球中有一根直立，其余几根弯头向四面散开，再将针尖插入电线套管内，用银色马克笔等涂刷套管，使其成为美观大方的球形路灯；③用自行车钢丝圆头弯制灯头，剪断一节作灯架，长螺帽作灯基，弯头上涂上彩色油漆；④电杆可以用牙签和黑色或银色缝纫针制作。地灯则可以利用不同色彩的珠针（衬衣珠针）制成。交通信号灯除利用玩具商品外，也可以用卡纸或有机玻璃等材料自制支架，用红、蓝、黄、黑四色即时贴刻制图案后粘贴于支架上。在制作时因为路灯的实际高度为6～8m。一定注意用比例计算模型高度（图2–83～图2–87）。

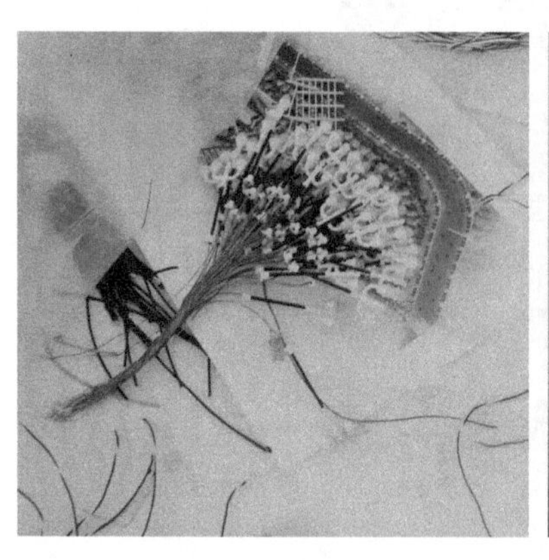

图2–83　成品灯材（左）
图2–84　用珠光针球（衬衣珠针）或项链珠作灯饰之一，适用于商业氛围的模型（右）

图2–85　学生习作中用项链珠制作的景观灯饰（左）
图2–86　学生习作中用回形针弯制的灯饰（中）
图2–87　学生习作中用泡沫和铁丝制作的路灯（右）

（7）车船制作

一般的建筑与环境模型都要表示交通状况，模型中的交通工具多半是汽车类，也有需要表现码头的船只，表现机场的飞机，表现车站的火车等。交通工具的选配最好选购成品材料，市场上的玩具商店、模型商店、车迷世界等均有出售，而且各种比例几乎都有。只是需要注意这类模型在整个环境中的作用，并非摆放越多越好，只要达到示意性，如摆放若干汽车代表停车场；或能够表示比例关系，如通过汽车来了解周围建筑的体量及周边关系；或能够加强环境效果，如常在主干道或建筑周围摆放若干汽车来烘托气氛（图 2–88 ～图 2–90）。也有一些简单的制作方法：

1）雕刻法　用小木块、橡皮、胶泥、粉笔、大孔泡沫塑料等雕刻成各种造型的小车船，然后喷涂上色彩，很逼真，但速度慢。

2）翻模制作法　即先按照需要做出一个标准样品，之后用硅胶或铅将样品翻制出模具，再用石膏或石蜡进行大批量灌制，灌制脱模后，统一干燥喷色，即可使用。这种方法适用于专业模型公司或专业模型材料公司。

3）叠制法　可用有机玻璃叠制成各种汽车、小船、火车等。先将同等宽度、长度的有机玻璃条粘贴在一起，之后可以割锯而成。车船的前后均应做斜面处理或圆角处理，处理后用油性马克笔涂画，留出车船窗口，利用钉子之类做车轮，最后用即时贴贴上车灯等。

图 2–88　主干道上的汽车摆放，注意左右位置方向

图 2–89　建筑周围摆放汽车的效果

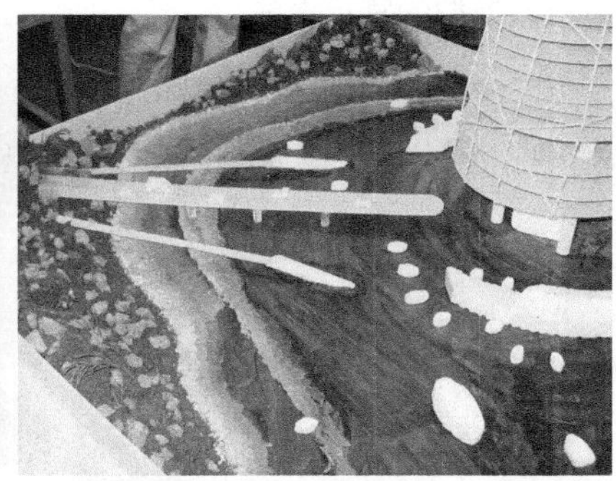

图 2–90　学生习作中用泡沫塑料切削而成的船模型

（8）桥梁的制作

高架桥、立交桥、江河大桥、园林中的小桥等都属于桥梁。根据模型比例，园林中的小桥可以在模型店购买到，也可以在一些卖观赏鱼的地方找到。而对于大比例的高架桥、立交桥、江河大桥的模型，很多时候要靠一定的制作方法才行（图 2–91 ～图 2–96）。

1）高架桥的制作　高架桥的结构主要由桥面、桥墩和桥栏组成。每部分的模型制作方法如下：

①选择与路面色彩相同的浅灰防火板或在薄的有机玻璃片或 ABS 上贴浅灰色即时贴做桥面材料，同时，桥面上可用黄、白即时贴装饰成快、慢车道；

②用厚白卡纸或白色胶片或 ABS 裁成细条做桥栏；或用透明胶片做桥栏，在上面用油性黑针管笔画出桥栏花纹；

③用厚纸板或有机玻璃片或 ABS 制成“Y”形桥墩。

注意：桥面两头底面要用锉刀或砂轮打磨成斜面；将桥梁每部分粘合起来后，检查接头的处理是否完善。如果接头处理好就算成功了。如果桥面接头有瑕疵，可以考虑用汽车模型遮掩。

2）立交桥的制作 多层立交桥结构比较复杂，纵横交错，上下旋转，多达四五层。一般分为下沉桥、转盘桥、高架悬空桥三部分，其中下沉桥比较难做。制作时可在模型底盘台面夹板上用尖锐的钩刀（或墙纸刀）开出两条板缝，再在两缝中间切开一横线，将下沉桥面往下压，板缝两侧用硬质材料支撑，最后用路（桥）面材料装饰下沉面，用岗纹板或岗纹纸装饰下沉桥两侧面。转盘桥的制作可采用整裁零补的办法，即将桥面圆形转盘按照图纸线条切割好，把断开的各部分用相同的材料分别连接起来，并配上桥墩。根据盘面高低，也可以采用两端垫高方法来做。

3）江河大桥的制作 基本与高架桥相似，主要难点在于桥架的处理。斜拉桥架与铁桥架的制作可用透明有机玻璃做骨架，上面用黑色即时贴或不锈钢效果的即时贴细线贴成斜拉索或铁架桥。有些大比例的模型也可以用黑卡纸刻制桥架。其实，斜拉索等用细木条制成再进行喷色处理的效果也很好。

用牙签紧密排列粘接在一起、用 KT 板切割、用卡纸折制等是在学生习作中桥梁模型的常用做法。

图 2–91 采用两端垫高方法的大比例立交桥展示模型

图 2–92 盘面环境中的立交桥

图 2–93 用 ABS 板雕制的桥

图 2–94 学生作品中用泡沫塑料制作的桥

图 2–95 学生习作中用木条和卡纸制成桥梁后做了喷色处理

图 2–96 学生习作中用牙签制成的景观桥

（9）围墙、栅栏、护栏的制作

围墙、栅栏、护栏作为一种环境空间的限定，在建筑外环境中会经常遇到。在形式上分为实体、透空、半透空三种类型。目前，专业模型公司大多按照设计图纸的样式，利用雕刻机将 ABS 板雕成各种形式的围墙、栅栏、护栏。根据体现材质的需要，再做色彩和图案处理。而在学生手工制作中，根据围墙、栅栏、护栏的形式，又有不同的制作方法。制作时可以根据具体情况加以选择（如图 2–97 ～图 2–99）。

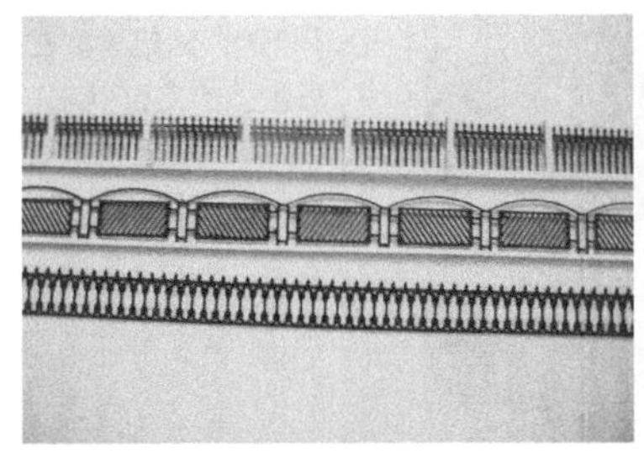

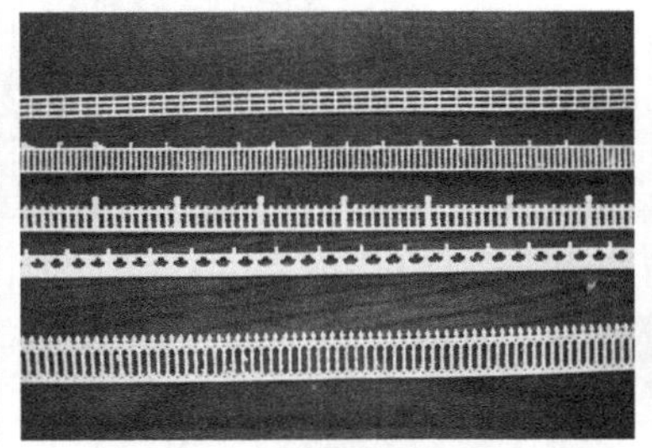

图 2–97 用 ABS 板雕制不同颜色的围墙、护栏（左）
图 2–98 用 ABS 板雕制的围墙、护栏（中）
图 2–99 围墙模型应用（右）

1）实体形式的制作

应选用有机玻璃片、卡纸等制作，之后可用石纹纸或砖墙纸予以装饰。如果有墙柱，就用细纸条或细有机玻璃条裁切制作。

2）透空形式的的制作

可选用薄型透明有机玻璃片、透明胶片或窗纱、钢网制作。用薄型透明有机玻璃片、透明胶片时，应先按照围墙、栅栏的长度比例裁成条，然后用油性黑色针管笔或铁笔刻画出图案，粘贴在相应位置即可。用窗纱、钢网时，则可以将其裁剪成细条后粘贴在透明的有机玻璃片或胶片上。另外，用牙签或雪糕棒来做也很不错，只要喷涂上合适的色彩就行了。顺便说一下，阳台栏杆、楼梯的扶手等的制作也可借鉴这种方法的。

3）半透空形式的制作

可以采用在有机玻璃片或胶片上画图案并加贴墙纸的方法。

6. 模型组装

即将做好的各环境要素模型和建筑模型按照相应的图纸位置在底盘上进行组装。

组装之前需要考虑：①群体规划模型的灯光展示效果，以便于灯光电路在底盘、建筑以及环境要素模型之间的合理布置；②模型的色彩设计、搭配、处理。一般来讲，为有利于建筑风格的统一，群体规划模型中的建筑表面局部等要进行喷涂处理。喷涂时需要注意用胶带纸将不需要着色的部位进行遮挡处理。待喷涂干燥后，取掉胶带纸即可。如图 2–100 ～图 2–103 所示。

7. 模型的艺术表现

在群体规划模型设计与制作中，模型的氛围营造很重要。主要包括①对建筑模型进行必要的符号标志制作，如标题、比例、指北针的制作（同建筑单体模型部分）；②根据建筑模型设计的视觉因素影响对建筑模型的表面进行配色和涂装处理，一般在模型组装之前已经完成；③对建筑模型中的声、光、电配制等。现就群体规划模型中的声、光、电配制进行讲述。

图 2–100　建筑模型在底盘上的定位（左）
图 2–101　环境模型在底盘上的定位（右）

图 2–102　模型中的灯光设置（左）
图 2–103　建筑喷涂时需要注意用胶带纸将不需要着色的部位进行遮挡处理（右）

（1）光效果的制作

为了增强模型的表现感染力，在许多模型制作中需要配置灯光效果。比如：建筑物内部各房间门窗的灯光显示；水面和草坪的大面积灯光展示；道路两侧与广场周边的灯饰效果；建筑屋顶与沿街橱窗的广告灯箱显示；模型标牌字的装饰性灯光显示等。目前常用的发光显示装置有：发光二极管、低压指示泡、节日泡、小米泡、光导纤维等。

其中，发光二极管是一种晶体管，价格低、耗电少、体积小、发光时无温升，适合于点与线的表现。有单色管、三色管两种，单色管只发一种光（红光或绿光），三色管能发红、绿、黄三种光。在绿树丛中、花池中均可埋置返光型彩色发光二极管进行补光。

低压指示泡和节日泡的色彩丰富，许多颜色都有。电压一般为 6.3V，亮度高，价格便宜，易于安装。但发光时通过的电流大，耗电多，容易击穿损坏。适用于表现大面积的照明和显示，使用时注意电线与变压器电功率的合理配置。

小米泡是直径不足 1mm 的微粒灯泡，电压为 1.5V，亮度高，但价格较贵且容易坏。在模型中常用于道路两侧的路灯与建筑周边的灯饰表现。

光导纤维是高科技产物，用玻璃或塑料制成。光纤模型的色彩变化比传统的白炽灯、彩灯模型多，且可以产生色光的渐变、闪烁、循环等，发光时无温升，省电，不会因某一部分损坏而影响整个灯光显示功能。但价格昂贵，适用于表现线状物体。在房产销售模型中运用很多。在制作时，需要结合模型统一设计考虑，光源尽可能在光点附近底盘下，以缩短光点与光源之间的间距，减少传导损耗，底盘下要制作一个灯箱，厚度至少 30cm，四周要钻有通气小孔，以便数量众多的光纤维通过。光点的固定要用直径为 0.5mm 的微型电钻头在要显示的部位板上钻孔，光纤塞入后即用胶固定。同时，光纤的编排要条理有序，最好做记号，以免混乱。光源和光纤材料一般在灯饰商店、邮电器材店、仪器材料店及部分模型店均有出售。

关于模型中建筑内部效果灯、建筑外部效果灯、街道效果灯、水系效果灯等的装置是在模型制作过程中根据各自需要的位置粘接固定完成的。其中，安装在建筑内部的效果灯采用低电压灯泡，配合半透明的建筑材料，产生万家灯火的晚间效果。根据建筑物的尺寸，在每个建筑物内部可以放置 1 ～ 5 个效果灯。安装在建筑物周围的建筑外部效果灯采用各种颜色的高亮度聚光发光二极管，其发出的光束投射在建筑物外表，以营造五光十色的夜晚气氛。根据建筑物的尺寸和结构，每个建筑外部可以放置 2 ～ 10 个外部效果灯。街道效果灯安装在街道两侧的路灯灯杆模型上，以橙色微型发光二极管模拟车水马龙的大街小巷。水系效果灯安装在河流湖泊的水面下，采用冷色发光二极管或低电压灯泡，配合半透明的水面材料，可以突出区域内水体的迷人风采。

在一些展示模型中，往往还有顶置照明灯、顶置追光投射灯等。而顶置照明灯、顶置追光投射灯要在展示现场完成，通常布置在盘面四周，以增加模型表现感染力，具体数量视情况而定。其中，顶置照明灯安装在模型顶部的支架上，为整个模型提供均匀的采光照明。顶置追光投射灯安装在模型顶部的支架上展区的四角，每个展区 4 只，可根据控制系统的控制命令自动调整投射方向，从 4 个方向投射到某一建筑或某一区域之上时，可突出展示的建筑或区域。

对于灯光效果的控制系统则主要是由电路部分完成。根据模型使用情况不同，要求也不同，主要有以下几种电路方式：

1）开关电路。即由手动开关控制电路来实现灯光效果。开关的形式有旋钮式、按钮式、拨动式、触摸式，可以根据需要合理选择。线路分并联和串联两种。并联时电压低，当某组光源受损时，不影响全局，但需配备变压器，造价高。串联时线路简单，但只要有一光源损坏，则全组的灯光都会不亮。开关电路在许多模型中会看到，开关一般安装在底盘边框的侧面，有时也安装在底盘边框的正面靠边角处或盘面靠边角处。而连接所有发光显示装置的线路的安置要合理，一般在需要灯光部位的附近盘面上会打有小孔，方便线路穿越。为防止模型各部分的灯光效果互相影响，模型中的建筑与环境往往是各用各的开关电路，开关上会注明是建筑还是环境；如果模型规模大，则还会按区域分别开关。如果是学生作业，利用台灯的线路制造出灯光效果也是很不错的。

2）触点电路。即半自动电路，主要是利用讲解员手中讲解棒内的光敏电阻光点发光装置，接触模型中预先设计制定的触点，由触点带动延时控制电路开始工作，按指令显示发光。其工作时间是预先调试好的，讲解时间一过，便会自动断电。这种电路在大型的模型需要向来宾观众讲解时使用。

3）遥控装置控制系统控制电路。将设计出程序的控制系统装置置于底盘内，遥控器上的每个遥控键控制特定的灯光分区，如：1 号键控制建筑灯、2 号键控制地灯等。

4）微电脑程序控制装置和开关电路同在模型中使用。即用微电脑程序控制灯光系统装置，当开灯时间达到一定时间后会自动切断电源休息，此时，如需开灯，可直接按各指示键开启。

为保证模型的整个灯光效果正常发挥作用，在安装发光显示装置时先要测试，测试合格后才能安装使用。待整个灯光的控制电路制作结束后，还要进行整个灯光电路的测试。同时，为保证模型的安全使用，有些模型会设置灯光效果亮一定时间后休息半小时的提醒，再重新启动（图 2–104 ~ 图 2–116）。

图 2–104 营造灯光效果的小米泡（左）

图 2–105 营造灯光效果的电线、小米泡（右）

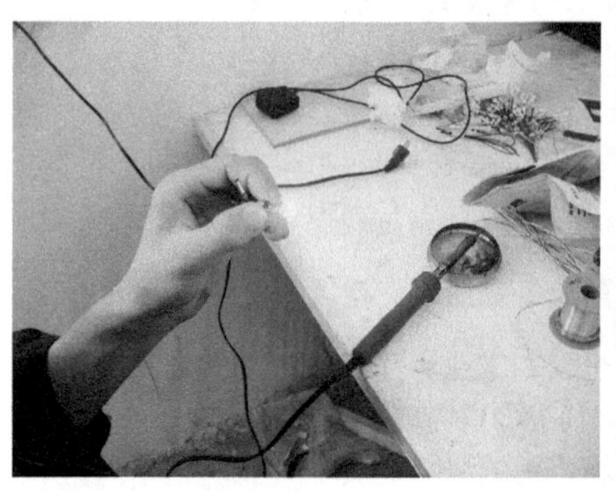

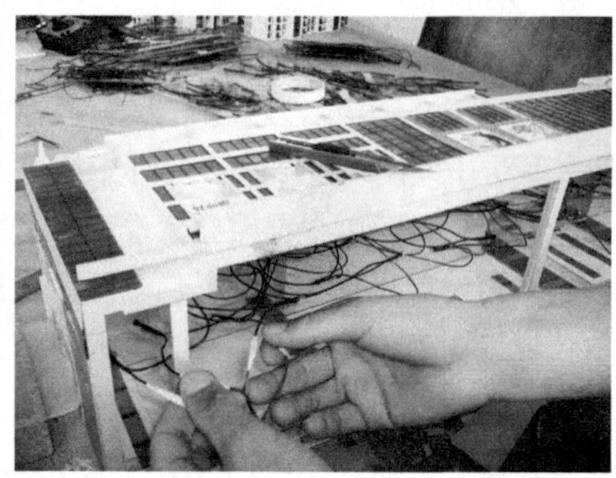

图 2–106 二极管测试（左）

图 2–107 建筑内部灯光的安置：将发光装置用胶带牢固粘接在模型内部合适的部位（右）

图 2–108 穿越盘面的线路（左）

图 2–109 整个灯光电路的测试（右）

图 2–110　开关安装在底盘边框的侧面（左）

图 2–111　开关安装在底盘边框的正面靠边角处（右）

图 2–112　开关安装在盘面靠边角处，且微电脑程序控制装置和开关电路同在模型中使用（左）

图 2–113　安装在底盘周围的投射灯（右）

图 2–114　淮安书香家园灯光效果

图 2–115　壁挂模型和沙盘模型的呼应效果灯光

图 2–116　圣索非亚教堂模型的顶部灯光

（2）声效果的制作

即语音讲解系统和配音、配乐系统。可以通过多媒体系统实现。不仅可以与图片视频结合，还可以与模型的液晶显示结合，与灯光效果结合等。结合系统如图 2–117 所示，即先在芯片上录制好解说词，当遥控器的控制键发挥作用时，讲解开始并配背景音乐。

通过语音讲解系统和配音、配乐系统，模型正以一种全新的感观形式刺激着人们的视觉，使无声的模型变得有声有色、生动诱人，向人们充分展示着模型造型艺术的魅力（图 2–118、图 2–119）。

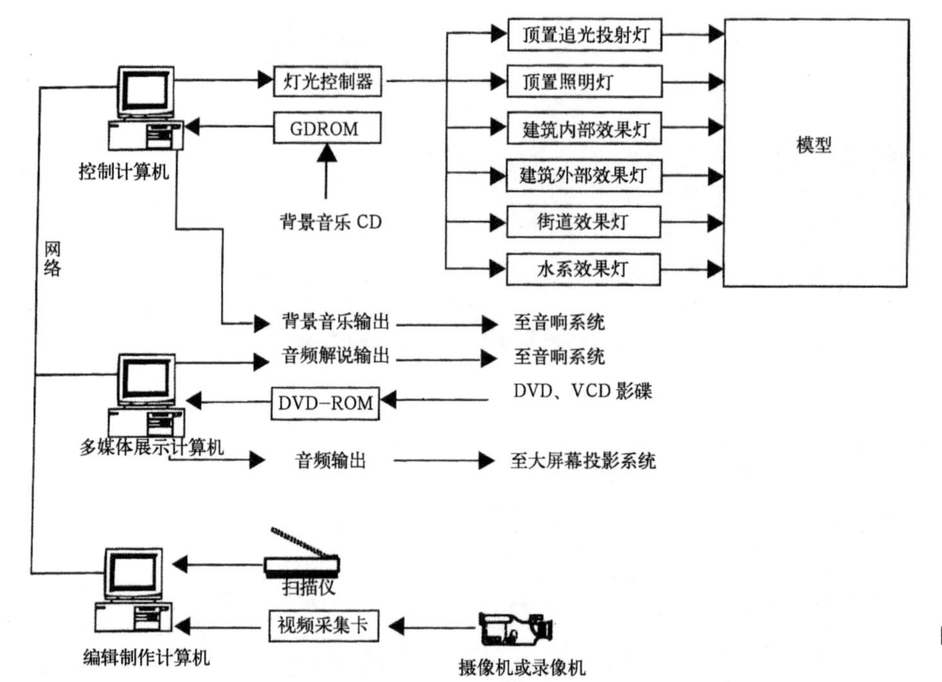

图 2–117　声、光、电的系统结构图

图 2–118　与图片视频结合的吴中规划馆模型（左）

图 2–119　与液晶显示结合的淄博市规划馆模型（右）

8. 模型的完善与清理

模型制作完工后，一方面要对模型本身进行清理：将盘面上的纸屑、木屑、灰尘、胶痕等用干净的纱布、刷子、电吹风等清理出去，保证盘面模型的整洁美观。如果模型表面弄脏或有油污时，可以用工业汽油或酒精擦拭清除或用肥皂水刷洗，对于表面油污渗透不深时，直接用砂纸轻轻擦出即可。另一方面要及时清理制作现场：将模型制作中所使用的工具进行整理归放，将模型制作中所使用的剩余材料合理存放，对模型制作造成的垃圾及时清扫，以保证模型制作现场的干净整洁。

目前，专业模型公司在取得房产商或设计方的规划图纸后，模型设计师会根据规划图纸比例的大小作出相应的设计、材料、制作安排。其中的制作步骤大体如下（图 2–120 ~ 图 2–122）：

步骤 1　底盘制作。

步骤 2　根据图纸放缩后的比例在底盘上确定建筑、道路、场地、绿化、景观、设施等的位置。

步骤 3　在底盘上做出道路、场地等模型。

步骤 4　在底盘上做出绿化中绿地、树木、灌木丛、绿篱的模型。其中，树木的固定可用胶枪粘接，也可用电钻在盘面打眼后再用棕黑色玻璃胶固定。

步骤 5　在底盘上做出景观，如水体、假山、花坛等小品模型。

步骤 6　在底盘上进行灯光效果的电路制作。

步骤 7　做出路灯、地灯等设施模型，要注意灯与通电电路之间的合理连接。

步骤 8　做出各建筑模型，需要表现灯光效果的还要安置好相应的光源和电路。

步骤 9　将建筑模型粘在底盘相应的位置上，注意粘接前的盘面平整。

步骤 10　进行全盘调整和清理，经验收后安装。

图 2-120　做场地、做绿化，其中，对于规划模型中场地的下沉与凸起要用适当方法体现

图 2-121　建筑内部的灯光效果也可以用节能灯布置

图 2-122　当底盘面积过大时，盘面可以分块制作

对于学生来讲，由于制作条件的限制，一般只做群体规划的方案模型。相对来说，比较简单。在制作中常常把建筑物简化成简单的几何体块。因而，只要具备了规划总平面图，就可以进行模型制作了。具体制作步骤与专业模型公司制作步骤相似，只是①材料的运用更加简单，容易加工；②灯光效果的制作可以用音乐卡片的内芯或者台灯的电路来实现（图 2-123 ~ 图 2-125）。

图 2-123　学生群体规划模型作业步骤之一：用即时贴在底盘上制作道路

图 2-124　学生群体规划模型作业步骤之二：用蓝色即时贴作水面，草绒纸作草坪，KT 板切割后叠加成建筑

图 2-125　学生群体规划模型作业步骤之三：用天然材料作树、小品等

总之，群体规划模型是研究建筑群体之间的关系，探讨建筑与道路、建筑与景观等之间的关系，因此设计者研究的是不同体块之间以及不同体块组成的空间之间的相互关系。

2.2　案例分析

案例 2–1：某学校规划模型（图 2–126、图 2–127）

图 2–126　某学校规划模型 1（左）
图 2–127　某学校规划模型 2（右）

该模型的优点：作为方案模型，运用容易加工的 KT 板为建筑表现材料层层粘接，达到了制作目的，整体上比较和谐，雕塑的材料运用曲别针来体现很是巧妙。

不足之处：绿化需要进一步设计，标签制作需要进一步规范美观。

案例 2–2：某学校规划模型（图 2–128）

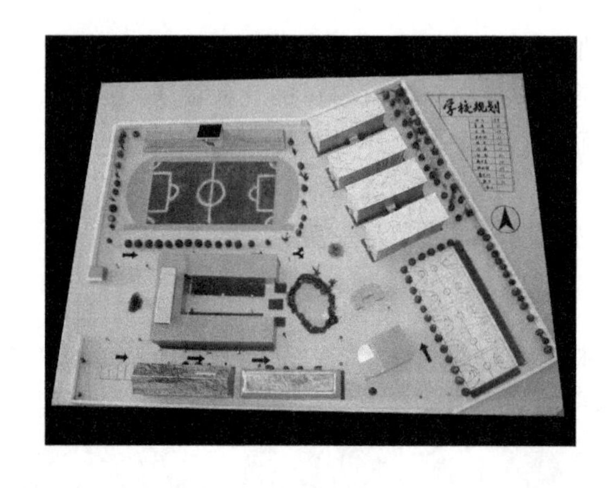

图 2–128　某学校规划模型

该模型的优点：作为方案模型，运用容易加工的卡纸为建筑表现材料粘接而成，达到了制作目的，整体色彩上比较和谐，绿化比较成功，标签制作与整个盘面比较协调。

不足之处：缺乏应有的道路设计和其他景观设计，右下角的球场设计需要进一步考虑。

案例 2–3：某小区规划模型制作（图 2–129）

该模型的优点：作为方案模型，运用容易加工的卡纸为建筑表现材料粘接而成，达到了制作目的，整体色彩上比较和谐，绿化比较成功，尤其雕塑的材料运用卷曲的鲜红卡纸来体现，为盘面增色不少。

不足之处：缺乏应有的建筑标识设计，标签制作需要与整个盘面相协调。

案例 2–4：某大学规划模型制作（图 2–130）

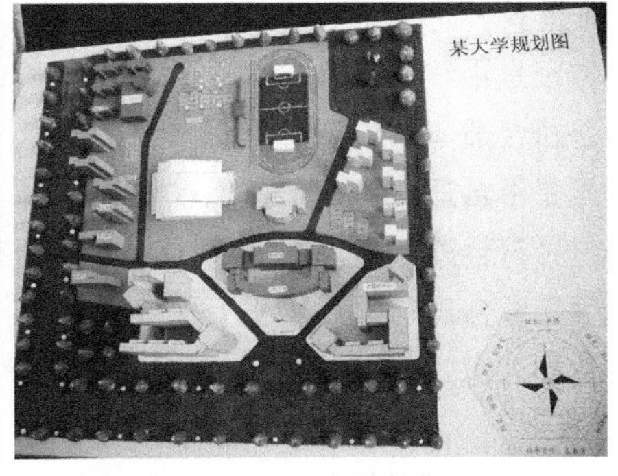

图 2–129　某小区规划模型（左）
图 2–130　某大学规划模型（右）

该模型的优点：作为方案模型，运用容易加工的卡纸为建筑表现材料粘接而成，达到了目的，不同建筑用不同色彩区分，并且用文字加以标识，整个盘面比较清楚。

不足之处：整个盘面右侧较空，标签制作需要与整个盘面相协调。

[单元小结]

建筑外环境是指建筑周围或建筑与建筑之间的环境，是以建筑构筑空间的方式从人的周围环境中进一步界定而形成的特定环境。随着社会的发展，人民生活水平的提高，人们对建筑外环境的要求也越来越高，尤其是在商品房的购买过程中，建筑外环境模型不仅可以烘托建筑，而且能起到因势利导、引人入胜、事半功倍的效果。所以，建筑外环境的设计效果如何，很大程度上就在于建筑外环境的模型制作表现上。而掌握建筑外环境各要素的模型制作方法正是做好建筑外环境模型的基础。

本单元主要讲述了群体规划模型设计与制作的流程及方法。在建筑单体模型设计与制作基础上，重点对建筑中的外环境构成要素：地形、道路、场地、花坛、树木、喷水池、雕塑、景观、设施小品等模型制作进行了讲述。

[单元课业]

课业名称：某学校规划模型制作或某小区规划模型制作。

时间安排：共计 5 周（每周 8 ~ 10 学时连上）。

第 1 周，确定制作模型的图纸，拟定出模型制作方案；

第 2 周，提前将模型工具、材料等准备好；

第 3 周，建筑模型和环境模型同步制作；

第 4 周，模型组装、配景处理；

第 5 周，模型完善、整理、拍摄、评价。

课业说明：以 4 ～ 6 人为单位小组，按照习作相应的比例和材料，按要求完成课业内容。

学生作业评分标准如下：

1. 群体建筑风格特征是否统一、整齐、美观（20 分）；

2. 模型材料选用是否合适（20 分）；

3. 建筑模型的刻画是否合适（10 分）；

4. 模型整体色彩是否符合建筑类型特征，绿化色彩是否有层次感（20 分）；

5. 景观小品等是否配置合理巧妙（10 分）；

6. 模型设计是否达到艺术效果（20 分）。

课业要求：

1. 比例：根据图纸表现规模的面积大小自定。规格：A1 图板。

2. 材料：以 KT 板为主，底盘用胶合板或 PVC 板或轻型泡沫板，地面用接近地面颜色的有色卡纸，草坪采用绿色绒纸，树木选用细致染色的海绵或天然树枝。

3. 制作开始之前，以小组为单位提交模型制作方案。

4. 以小组为单位，利用数码相机记录制作过程，成型作品进行合理拍摄。所有照片建立好文件夹后交于学习委员，最后班级统一刻盘上交。

5. 标签、指北针的制作要注意规范美观。标签制作内容参考如下：

班级		模型名称	××学校规划模型制作或××小区规划模型制作
组长		比例	
制作成员		制作日期	
模型材料名称			

课业过程提醒：

1. 制作深度上，要注意结合比例和图纸表现内容，防止建筑模型过简或过繁。

2. 模型色彩上，注意色彩的整体效果。根据群体建筑的风格特征，规划中同一类型功能的建筑模型要做到统一、整齐、美观，而对于不同类型功能的建筑要用色彩合理体现；绿化上要注意稳重感，且针对规划中对环境的着重体现，同一色相上的绿化要做出层次感，比如：深绿、绿色、浅绿等。

3. 标签、指北针的制作要注意规范美观。

4. 在图纸中的规划道路设计要在模型中体现出来，尤其是每幢建筑之间的道路连接关系，千万不能出现建筑周围没有路通现象。图 2–131 所示的模型失误就在于此。

5. 雕塑、建筑、道路等各要素之间的图底关系要明晰。图 2–132 所示的模型中雕塑和雕塑圆盘图底关系表现不够。

6. 注意建筑模型中在合适部位对建筑名称进行注写，以区分群体建筑中的个体。

7. 注意环境要素模型中天然物品、废旧物品的利用。

8. 在制作过程中注意建筑、环境、设施小品等尺度、比例的把握。

图 2–131　道路设计未在模型中体现出来（左）

图 2–132　模型中的雕塑和雕塑圆盘图底关系表现不够（右）

第三单元　园林景观模型设计与制作

园林景观主要由山水、植物、道路和建筑组成。成功的园林景观模型可以将设计师的方案意图在实施建成之前很直观地展现出来，并成为设计者推敲和调整方案的参考和依据，如图 3–1 所示。

图 3–1　某园林景区模型

学习目标：

1. 掌握园林景观设计图与园林景观模型制作的关系；
2. 了解并制定园林景观模型的制作流程；
3. 园林景观模型设计与制作方法；
4. 园林景观要素的模型设计、选材及加工；
5. 用园林景观模型表达设计思想及设计意图；
6. 园林景观模型的声、光、电艺术表现。

[相关知识]

3.1　园林景观模型设计与制作流程

制作流程与群体规划模型设计与制作大体相近，只是在模型设计中更加突出了绿化和景观的看点。制作的难点在于植物种类和色彩的配置，配置不好，或容易让人感觉太浮、没内涵　，或容易让人感觉太闷、没活力。因此，需要制作者下一番功夫。

同时，因为园林建筑常是居于主景的控制地位，处于全园艺术构图的中心，并往往成为某园的标志，即使在各景区，也均有相应的建筑成为某景区的主景，所以，在园林景观模型中的建筑更加注重景观的特征，建筑的色彩和造型风格均应与园林整体环境和谐。

对于园林景观中会经常遇到的山地的处理，则要注意地形地貌的特征，做到顺畅自然，避免生硬。如图 3–2 ～图 3–5 所示。

图 3–2　常州青枫公园园林景观模型中绿化的层次体现（左）

图 3–3　徐州云龙山景区模型中，建筑的色彩和造型风格均与园林整体环境和谐（右）

图 3–4　园林景观中的建筑模型细部（左）

图 3–5　园林景观中的地形制作要顺畅自然（右）

学生手工操作的具体制作流程如下：

1. 阅读图纸

仔细阅读园林景观设计方案的平面图，了解设计内容，参考园林景观立面图、剖面图，领悟园林景观设计方案意图。

2. 研究细节，准备材料

对园林各要素成景效果深入考虑，参考效果图，准备 2 ~ 3 种方案，以准备模型制作所需的材料，并对材料进行分析，最终确定选用合适的材料。

3. 材料加工，模型制作

确定模型制作的比例，根据设计用材料塑造地形，按照比例制作园内建筑、小品、植物，铺设园路、场地、草皮，安放建筑，制作细部设施，最后整理修改。其中，对于小凉亭的制作，在园林景观中经常出现。可以购买成品盆景中的凉亭，适当用水粉颜料填涂成红色或绿色屋顶，立柱；也可以用色纸、牙签自制。有的模型店也有成品出售（图 3–6 ~ 图 3–8）。

图 3–6　成品凉亭模型（左）

图 3–7　牙签自制小凉亭（中）

图 3–8　学生习作中的小亭子采用纸板涂色实现（右）

园林景观模型制作其他要素中的地形、场地、绿化、水体、雕塑、假山、设施小品均可以参照第二单元群体规划模型的环境要素制作。

3.2 案例分析

案例 3–1 ：某公园模型（图 3–9）

图 3–9 某公园模型

该园林景观模型的优点：能够真实反映设计方案，符合园林主题风格，材料运用比较合理。

不足之处：过于按照方案放置模型小品位置，整体显得琐碎。配景模型尺度比例欠佳，树木制作粗糙。

案例 3–2 ：某园林景观模型（图 3–10、图 3–11）

图 3–10 某园林景观模型 1（左）
图 3–11 某园林景观模型 2（右）

该园林景观模型的优点：色彩整体协调，材料运用比较合理，尤其是沙子和沙滩排球网处。符合园林主题风格，能够真实反映设计方案。

不足之处：广场处的场地空白处过多，如有合理的雕塑或喷泉之类景观模型设置，会更好。树木的制作需要进一步精细。

[单元小结]

园林景观不仅仅在公园、广场，还在小区的规划中更多展现。因此，本单元在群体规划模型设计与制作基础上，重点对园林景观模型中的注意事项做了讲述。主要针对园林工程技术专业同学设置。

[单元课业]

课业名称：某小型公园或休闲绿地的模型制作。

时间安排：共计 5 周（每周 8 ~ 10 学时连上）。

第 1 周，确定制作模型的图纸，拟定出模型制作方案；

第 2 周，提前将模型工具、材料等准备好；

第 3 周，建筑模型和环境模型同步制作；

第 4 周，模型组装、配景处理；

第 5 周，模型完善、整理、拍摄、评价。

课业说明：结合专业需要和学时可以选作；以 4 ~ 6 人为单位小组，按照习作相应的比例和材料，按要求完成课业内容。

学生作业评分标准：

1. 能够真实反映设计方案，并对方案作有益的改进；
2. 比例适中，尺度合理；
3. 色彩协调，符合园林主题风格；
4. 设施小品造型新颖，设计合理，符合园林风格；
5. 建筑小品与整体环境和谐，造型符合园林风格；
6. 各组成部分设置牢固，材料粘贴紧实，不开散。

课业要求：

1. 比例：根据设计课题面积大小自定。规格：按比例，模型底板大小自定，一般选择 A0 幅面（841 × 1189）。

2. 材料：KT 板、木板、筷子、草皮纸、卡纸、玻璃板、石子、沙子、牙签、铁丝、底板、石膏粉、泡沫、喷漆（绿色、灰色、黄色、透明色）、胶水（502 胶水、白乳胶、双面胶）、硫酸纸、紫砂泥等。

3. 制作开始之前，以小组为单位提交模型制作方案。

4. 以小组为单位，利用数码相机记录制作过程，成型作品进行合理拍摄。所有照片建立好文件夹后交于学习委员，最后班级统一刻盘上交。

5. 标签、指北针的制作要注意规范美观。标签制作内容参考如下：

班级		模型名称	× × 小型公园模型制作或 × × 休闲绿地模型制作
组长		比例	
制作成员		制作日期	
模型材料名称			

课业过程提醒：

1. 正确使用工具进行材料加工。

2. 将设计平面图中的内容按比例放样在底板上。

3. 根据图纸中等高线形状、尺寸对起伏地形利用泡沫材料塑造加工。

4. 园路、场地铺装材料、草皮纸的粘贴等要将场地衔接掩盖好，不要有裸露缝隙。

5. 利用铁丝、泡沫、海绵等进行植物模型的制作加工。

6. 按合适的比例、尺度对建筑、设施小品进行设计制作、粘贴、衔接。

7. 园林景观模型色彩的设计要和谐悦目，符合园林主题风格。

第四单元　室内环境模型设计与制作

在当今建筑业飞速发展的过程中，室内环境模型以其独特的立体视觉形象展示日益受到关注和重视。其主要是根据建筑空间的使用性质和所处环境，运用物质技术手段和艺术处理手法，将建筑内部空间的功能、尺度、布置等充分展示出来，以满足人们对室内空间环境预览的需要。主要包括内部空间的布局、界面的处理、材料的运用、质感的效果、家具的布置、装饰品的摆设、气氛的创造等。从其开放性的内部空间围合而成的虚体中，除了可以感受室内布局状态和形状大小外，更多的是感知一种空间意境。

学习目标：

1. 掌握室内设计图与室内环境模型制作的关系；
2. 了解并制定室内环境模型制作流程；
3. 计算模型缩放比例；
4. 绘制室内环境模型制作工艺图样；
5. 对模型材料的选用及加工；
6. 设计制作模型，并用模型表达空间设计思想及氛围意图。

[相关知识]

4.1　室内环境模型的类型

室内环境模型的种类，按其功能可分为：

1. 居住空间室内环境模型：指室内环境的对象是家庭的居住空间的环境模型。如普通公寓环境模型、别墅环境模型（图 4–1）。

2. 公共空间室内环境模型：指除住宅以外的建筑内部空间的环境模型。如商业空间环境模型、娱乐空间环境模型、会议办公空间环境模型等（图 4–2、图 4–3）。

图 4–1　某户型展示模型（左）
图 4–2　广州东莞欧陆庭苑会所室内模型（中）
图 4–3　汽车展厅室内模型（右）

4.2　室内环境模型的设计与制作流程

以某居住空间室内环境模型为例，具体设计与制作流程内容如下：

1. 确定模型制作的图纸

和建筑单体模型制作一样，进行室内模型设计与制作训练时，主要是根据设计课题来确定模型设计与制作的图纸，也可以自己寻找图纸进行模型制作的训练，个别情况下还会受开发单位或业主的委托，结合教学实际操作。当然，寻找图纸的途径很多，网上下载，查阅建筑资料图集，从售楼中心获取等。对于居住空间室内环境模型来说，表达房屋平面布置的建筑装饰平面布置图是进行模型制作的重要依据。从建筑装饰平面布置图可以了解居住空间的平面形状、大小、方位、朝向和内部房间、楼梯、走道、门窗、固定设备的空间位置等。在房地产开发和销售过程中，企业为了使购房者更全面地了解住宅基本情况，往往会在建筑装饰平面布置图上用比较直观形象的平面图例将室内应配置家具的形状和空间位置绘出，有的还用颜色加以区分显示，便于人们进行联想和识别（图 4–4）。

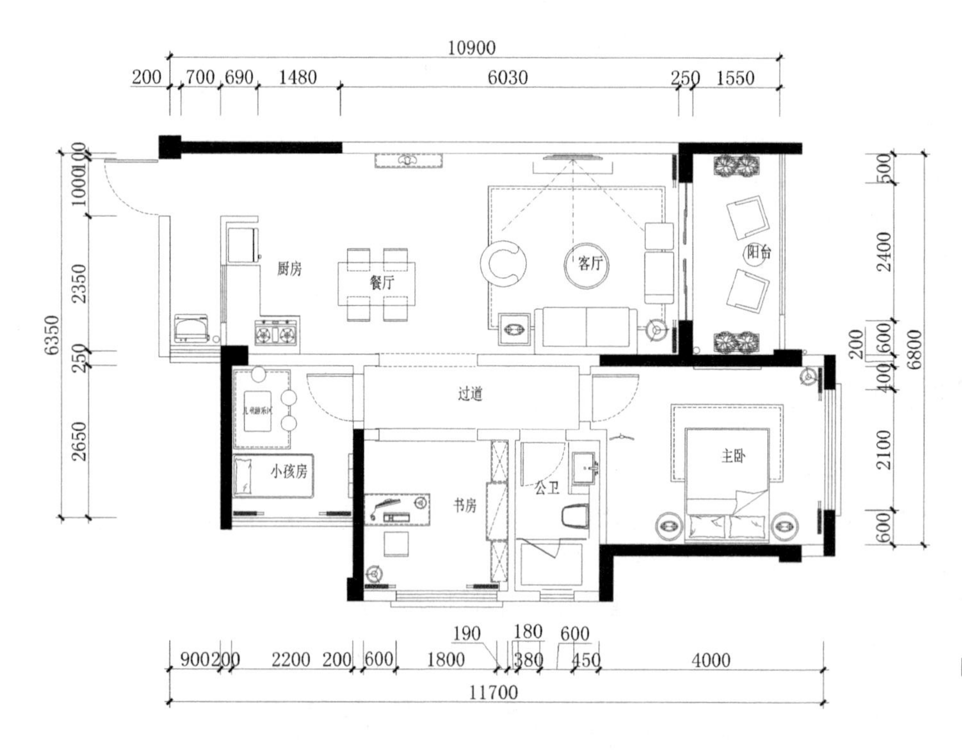

图 4–4　某居住空间装饰平面布置图

除此以外，表示住宅建筑物的外貌和装饰的建筑立面图和用来表示房屋内部的竖向结构和特征的建筑剖面图也是进行室内模型制作的重要依据。从建筑立面图可以了解住宅建筑物的正面、背面和侧面的形状，高度尺寸，门窗洞口的位置和形状，外墙的装饰材料等；从建筑剖面图可以进一步了解室内空间的高差变化等。

图纸一经确定，即需妥善保存。

2. 构思和拟定模型方案

在阅读和熟悉图纸的基础上，充分考虑室内环境模型的独特展示视角。因为室内环境模型通常不做屋顶，以展示内部空间环境氛围为主，并以此方式来展示室内空间与体积关系的变化，造型元素之间的对比与变化，空间内部的距离关系、光影变化等一系列特点，所以在构思和拟定模型方案时，需要合理考虑模型的比例和尺度、形体表现、材料选用、色彩搭配、底盘设计、台面的布置、环境体现等。在多层室内环境模型制作中还会涉及如何选择最佳剖切面用以展示的问题。

一般来说，作为室内环境模型，根据设计任务要求及设计建筑的规模，其比例都较大，有 1 ∶ 30、1 ∶ 40、1 ∶ 50 等。其他部分根据模型比例和尺度大小参照建筑单体模型设计与制作予以考虑即可。

3. 准备工具材料

本次室内环境模型制作过程中使用的材料有：

(1) PVC 板。厚 PVC 板一般是制作墙体的主要材料（厚度一般为 4 ~ 5mm），薄 PVC 板（厚度 2mm）一般用于制作家具与陈设模型。材料优点：适用范围广，材质挺括、细腻，易加工，着色力强，可塑性强。

(2) 模型板。它也是制作墙体的主要材料，该材料优点：适用范围广，品种、规格、色彩多样，易折叠、切割，加工方便，表现力强。

(3) 有机玻璃。有机玻璃分为透明板和不透明板两类（厚度一般为 4 ~ 5mm）。透明板一般用于制作室内环境模型玻璃和采光部分，不透明板主要用于制作室内环境模型的主体部分。材料优点：质地细腻，可塑性强，通过热加工可以制作各种曲面、弧面、球面的造型。

(4) 贴纸。门窗材料选用的是樱桃木贴纸，木贴纸具有多种木材纹理，可以用于室内环境模型外层处理。材料优点：材质细腻、挺括，纹理清晰，极富自然表现力，加工方便。

为了达到某种效果，也可以选用 ABS 板、有色吹塑纸、瓦楞纸、泡塑等作为辅助材料。选材要结合形态的实际制作，充分发挥各种材质的性能特征，体现材料与质感之美，或时尚精致，或古朴凝重。

4. 模型工艺图样的绘制——模型放样

和建筑单体模型制作相同，主要是根据模型制作比例要求，确定模型工艺尺寸和拼装关系，绘制出模型制作工艺图样。先是根据实物图纸绘制出模型图纸，再由模型图纸分解，绘制出模型展开图。

加工制作前，应先把平面图放样。放样应该尊重设计意图，尊重客观实际比例。放样前认真查阅图纸，准确计算，精心放样，确保测量结果准确无误，如图 4–5 所示。

具体操作中，遵循“由整体到局部”的原则，借助尺子、圆规等工具，精确地把平面图拷贝、放大（平面图放大也可以用电脑或复印机），放样在材料上。如果要制作多件同样形状的模型单部件，可以

图 4–5　模型放样

先制作一个样板（样板可以选用厚纸、硬质纤维板等），然后依照样板依次放样，放样时可巧妙地移动样板安排位置，尽可能减少板材上的多余空白，以节省模型材料，还可简化放样程序和时间。

如果在有机玻璃板或金属板上放样，可先在模型板材上贴一层纸（有机玻璃一般都自带有一面纸），用铅笔在纸上放样。当需要直接在金属表面划线时，可用划线锥划线。

由于模型板材一般是用美工刀或锯子等工具切开的，往往要形成一个“刀口”或“锯口”，因此，相邻板材之间不要挨得太紧，一定要留出一定的加工余量。

5. 模型切割

模型工艺图样绘制好之后，即可对模型材料进行剪裁。

PVC 板与模型板可以直接用美工刀切割加工，美工刀反面也可以作为钩刀使用，用于切割有机玻璃。注意要保持刀刃的锋利，钝的刀刃会拉伤板材的表面，切割过程中还要注意安全。在重复切割厚板材时，一方面要注意入刀角度要保持垂直，防止切口出现梯面或斜面；另一方面要注意切割力度，切割用力要均匀，防止在切割时跑刀。切割时需要留有部件外边的切割空隙，这样可以防止切割时损害到部件。

有机玻璃的切割要使用钩刀，首先在有机板上画好所需形状的线。然后用力用直尺沿线压住有机玻璃板，防止直尺移动（推荐使用钢尺，因为钢尺能够有效避免因切割过程中用力而使切割材料产生移动，同时不容易被刀片破坏）。用钩刀沿着直尺先轻后重、逐步用力地划动切割。切割几次后，所切深度约为总厚度的一半时，用直尺压住切缝，用手均匀向下用力掰动另一面板，直到有机玻璃板断开。最后用锉刀和砂纸把有机玻璃板的断口打磨平整。

（1）模型外墙体加工

为保证墙体接口的强度与美观，室内模型外墙体加工时一般要将墙体模型断面切割成 45° 斜角，两块 45° 斜角板材可以组接成 90° 的直角。

45° 斜角切割方法：先在板材上用铅笔画一道垂直线 CD，使 AB = AC，再画一道斜线 BC，最后把 ABC 构成的斜角磨掉，这样就可制作成 45° 斜角（图 4–6）。

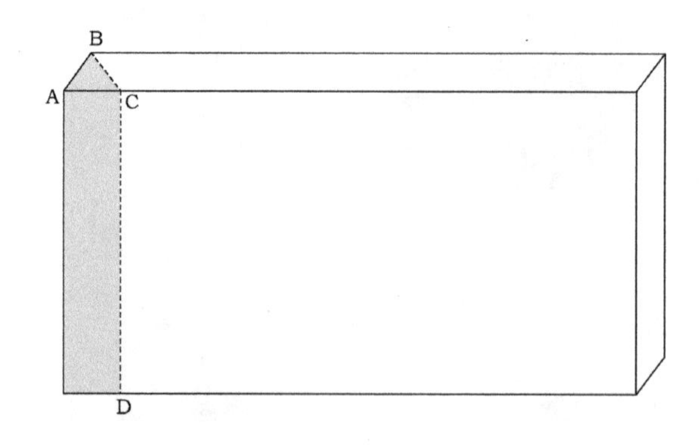

图 4–6　45° 斜角切割方法

(2) 切割制作圆形板材方法

首先在板材上用圆规画出所需要的圆形，保留圆形弧线。然后围绕圆的弧线边缘切割一系列的直线，做出一个多边形，用锉刀顺着多边形把多余的材料锉去成圆弧状。最后用砂纸精修打磨至所画形状即可。也可以借助线锯实现切割（图 4—7）。

图 4—7 圆弧形切割前的画线

(3) 墙壁切割技巧

1）将四边墙切割并合，检查比例高度是否统一。

2）将比例图或纸样复制多份，作为制作细致浮雕或装饰时的根据。处理时，先做较大的切割，后做细部处理。

切割时注意工作台面要保持平整，还要使用切割垫板。切割垫板用于保护桌面，免于被刀子划伤，同时减少刀口磨损，保证切口垂直。

6. 开窗加工

在室内环境模型制作中，开窗加工是很重要的一个环节。如图 4—8 所示，注意开窗后边缘的打磨。

在此案例中，模型板与 PVC 板的开窗加工比较容易，可以直接用美工刀切割，有机玻璃板用钩刀切割。一些比较小的门窗，可以运用开孔的方法加工：硬质材料采用电钻打孔加工，软材可以采用雕刻刀进行挖、凿方式进行开孔加工。

如果是木质建筑模型，在开窗制作时，首先要在画好的门窗线框内的 4 个角上，用电钻打出 4 个小孔来，用线锯从其中的一个小孔开始门窗洞的切割，切割过的门窗洞不一定达到所需标准，再用锉刀把不规范的门窗洞进行修整加工，直到符合设计要求。最后把做好的小门窗框镶入到加工好的门窗洞内。

模型制作人员在加工时需要用心切割，尤其是在刻制窗框时，稍不注意就会歪斜或是刻坏。同时，也要注意加工过程中形体变形的问题。引起变形的原因除了选材不当外，加工技术也是一个重要的方面，表面的过多切割、开窗会引起体面强度变弱而导致变形。此时，就必须采取一些补强的措施来防止变形。

切割后注意对每片墙体进行编号，以方便墙体拼接（图 4—9）。

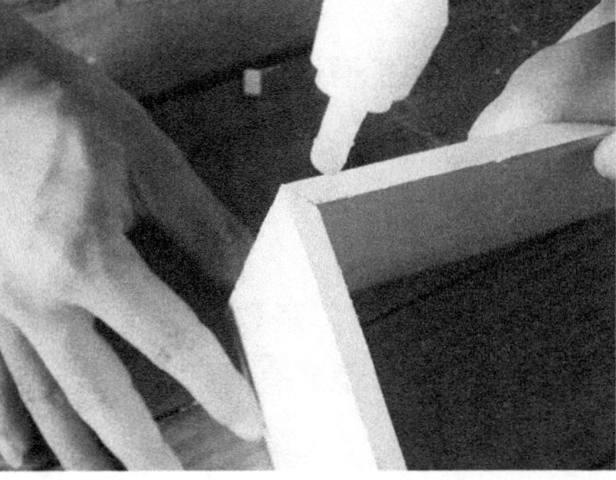

图 4—8 切割开窗后打磨（左）
图 4—9 墙体模型 45° 拼接（右）

7. 模型组装

模型加工完毕后，接着就是模型组装了。模型组装一般有下列几种方法：

(1) 粘接。是将各种线、面、体块材料相互粘贴一起，模型一般用 502 胶、AB 胶等粘贴。详见建筑单体模型制作部分。

(2)钉接。用铁钉将物体钉在一起或用螺丝钉将物体拧紧的一种连接方式，牢固又容易拆卸。

(3) 榫接。这种连接的手段在古建筑和家具上应用最多。它是以不同的榫头与空孔互相插接相拼，使材料对接，构成造型，外观美观而且牢固。

在这一阶段，要注意面与面、边与边的平行、垂直等角度关系，要充分利用测量工具进行测量，确保模型制作的精确度。同时，在拐角处或尺寸较大的模型构件内部用支撑物进行必要辅助，以防止模型构件的变形（图 4–10）。

图 4–10　模型组装

8. 模型修整

模型修整一般包括填补、打磨等程序。当模型组合好后，模型表面会有许多夹缝或较大的划痕，这样会严重影响模型的美观，所以必须要对模型夹缝或较大的划痕进行修整。

填补模型夹缝的一种常用的填料是腻子。也可以选择与所填补材料色彩接近的浓稠广告色加自喷漆进行搅拌，使之成为糊状物作为填料。使用时用适当的工具，比如一把画油画用的刮刀，蘸取适量抹在需填补的接合线上或凹处，抹的时候要施加一定的压力，将腻子填满凹处的每个角落。用刮刀将腻子塞到缝中，去掉多余部分，并且使缝隙保持平滑。腻子完全干燥硬化后体积会缩小一点，需要及时补充，使腻子有足够体积应付打磨需要。

等腻子完全干后就可以进行打磨了。先用锉刀锉，再改用砂纸打磨，这样可以打磨得更加平整精细。砂纸开始使用粗糙等级的砂纸而在最后使用细致等级的砂纸。使用细致等级的砂纸时最好沾一点水来打磨，这样表面会更平滑。有时腻子会填盖模型的凹线，这时可在补腻子未干时用刻刀或牙签刻出凹线。

模型修整后，转角与接缝处不能有明显的痕迹，表面光滑，平整度均匀。

9. 模型上色

(1) 室内环境模型色彩的设计理念

1) 区别空间功能性质

由于国家、民族、地理气候环境、宗教信仰、文化背景、个体需求及使用功能等因素不同，空间色彩的设计也要有所区别。要针对不同的室内空间性质，选择合适的色彩作为设计主题。

2）表现共存性与融洽性

室内空间色彩配置注意色彩的整体效果，充分发挥室内色彩对空间的美化作用，正确处理统一与变化、主体与背景的关系。

在室内环境模型色彩设计时，首先要定好空间色彩的主色调，构成色彩的基调，主色调在室内气氛中起主导和润色、陪衬、烘托的作用。其次要处理好统一与变化的关系。大面积的色块不宜采用过分鲜艳的色彩，对比宜弱，小面积的色块可适当提高色彩的明度和纯度，对比可强些。在统一的基础上求变化，在变化中求统一，表现形态之间的一种共存性与融洽性，达到既和谐又生动的艺术效果。

3）表达色彩语言的语意

利用色彩的物理性能和色彩对人心理的影响，可在一定程度上改变空间尺度、比例，分隔空间，改善空间效果。例如室内环境模型色彩使用暖色调，可以表现出一种亲切感；冷色调可以表现出一种宁静感。

利用色彩的象征意义（如在中国，用色彩划分等级与方位），对于不同的、特定的造型空间色彩进行系统的研究，解读凝固其中的文化品性，表达出特定的内容与语意。

此外，色彩设计要注意对稳定感、韵律感和节奏感的把握，切忌杂乱无章。

总之，既要注重色彩的对比与调和，又要体现色彩对人的生理和心理的影响作用，并将个人审美意识与具体的室内环境空间色彩内容有机统一，构成一个有机的多空间、多物体、多因素的完美、和谐的视觉形象，使其更科学化、系统化、有序化。

（2）模型上色方法

在模型制作中，有很多地方是利用材料的本色进行制作的，如窗户玻璃、木质构件等。但在原材料不能满足模型制作要求时，就要通过上色表现、改变原材料的色彩，创造出丰富的视觉效果，色彩语言更加主观、强烈。

常见的几种上色方法及装饰方法：

1）手涂法

上色的最基本方法便是徒手平涂，色彩一般用油画颜料、丙烯颜料、水粉颜料、水彩颜料等。徒手平涂看起来很简单，但是如果不知道窍门而胡乱下笔的话，涂出的表面不但满是笔触的痕迹，而且颜色也会不均匀。

2）自喷类涂料上色法

喷枪或自喷漆是使用压缩空气将漆喷出的一种工具。利用喷枪或自喷漆来上色，操作简单，可节省大量的时间，涂料能均匀地喷涂在模型表面上，干燥速度快，覆盖能力强。

自喷漆是一种较为理想的上色剂，喷漆前，模型表面应保持干净无尘、干

图 4–11 喷漆时，在不需喷漆的地方用胶带纸粘盖起来，喷完漆等其干燥后再把胶带纸揭掉

燥、无油迹。喷漆时，被喷面一定要水平放置，避免因漆层过厚而出现流挂现象。还要注意被喷物与喷漆罐的角度与距离，一般模型部件与喷漆罐的夹角在30° ～ 50° 之间，喷漆距离模型部件 300mm 左右为宜。在使用自喷漆时应特别注意出漆量和均匀度，具体操作时应采用少量多次喷漆的原则。

颜料具挥发性，使用时要注意自身防护，不适用于空气不流通的地方，注意通风，要戴口罩，避免因吸入喷涂材料对身体造成伤害。

喷漆时，要在不需喷漆的地方用胶带纸粘盖起来，喷完漆等其干燥后再把胶带纸揭掉；并在喷漆完全干燥后再移动模型。

3）贴纸

模型制作时，贴纸是不可或缺的材料。正确运用贴纸，能使原本平凡的作品变得五彩缤纷，从而具有生命力。市面上有一些图案胶贴纸，纹理有大理石纹、岩石纹、木纹、麻石（碎石）纹，也有专为透光而设计的彩色玻璃、磨砂玻璃等胶贴，价钱也相对合理。

同时，我们还要意识到，现代光学的迅速发展使色彩美冲破了传统的概念，程控闪动、光导纤维、光学动感画、发光二极管、霓虹灯、彩色灯等新型电光源在模型中的应用，不但使环境模型的面貌焕然一新，而且给模型色彩提供了丰富的发展空间。

具体模型上色图片见建筑单体部分。

10. 底盘制作

室内环境模型底盘是室内环境模型最基本的支持部件，它的大小、材质、风格直接影响室内环境模型的最终效果。底盘的尺寸由标题的摆放和内容以及模型主体量来决定。因为一切模型构件都要建立在底盘之上，所以底盘模型要具有牢固、不变形、不开裂，轻便易搬运的特点。底盘的材料要选择材质好，具有一定强度的材料制作，其坚固性很重要。底盘因使用材料的不同，常见的有下列两种：

木质底盘：木质底盘一般采用密度板（厚度一般为 18mm），在底盘四周钉上装饰线，可以增强底盘的美感，并且有一定的防弯曲作用。

机玻璃板底盘：用机玻璃板材（厚度至少为 4mm）做模型底盘。其优点是不怕水浸，外形美观。

当底盘制作好后，要在四周镶上边框，主要为了美观与加固。最后制作模型底盘底托，主要为了支撑底盘模型的摆放。

相关底盘其他内容见建筑单体模型制作部分。

11. 家具与陈设制作

室内的家具与陈设模型作为室内环境模型中的重要组成部分，正是与其他类型建筑模型的区别所在。在许多优秀的室内环境模型中，其造型、色彩和质地的制作往往是营造气氛的点睛之笔。

室内家具与陈设模型要讲究重“工”善“艺”，即做工考究、制作精良、艺术精湛。造型或细腻华贵、惟妙惟肖；或概括抽象、意趣无穷；或粗犷有力、形象生动；因材而作、因需而制。

（1）室内陈设在分类上多种方式，一般从使用功能方面进行区分

1）实用性陈设：指具有一定实用性和使用价值的陈设，在我们的使用过程中，还体现出一定的观赏性和装饰作用。如织物用品、家电用品、生活器皿、灯具等。

2）装饰性陈设：指一般不考虑实用性及物质功能而注重其精神功能的观赏性陈设。如艺术品、工艺品、纪念品等。

（2）室内家具与陈设模型的制作方法

1）用切割组合方法制作一些家具与陈设模型

室内家具与陈设模型的制作方法一般为切割组合的方法，如衣柜、床、电视柜模型等，制作时一定要注意比例的把握，培养对比例、空间的理解与想象能力，制作时要用目测比较大小和按照大小比例关系的方法来制作物体，如果不具备对比例的目测与缩放能力，在室内家具与陈设模型制作时就会遇到困难（图 4–12）。

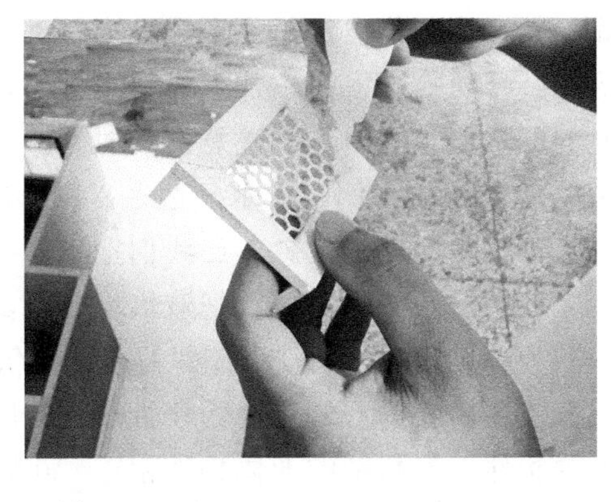

图 4–12 家具与陈设之茶几模型制作

2）用替代方法制作一些家具与陈设模型

所谓替代制作法就是利用已成型的物件经过改造重新进行另一种构件的设计制作。这里所说的"已成型的物件"，主要是指我们身边存在的各种各样具有不同形态的物品。因为这些有形的物品是通过模具进行加工生产的，并且具有规范的造型，所以这些物品只要形和体量与我们所要加工制作的模型构件相近，即可拿来进行加工整理，完成所需要构件的加工制作。如室内圆柱，可使用 PVC 管代替，花瓶可以用小药瓶代替等（图 4–13、图 4–14）。

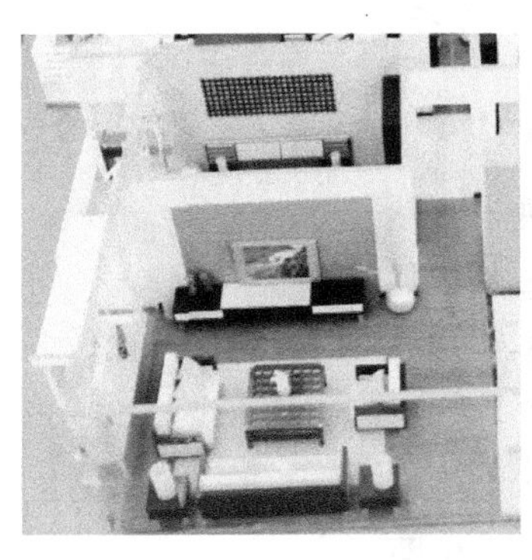

图 4–13 家具与陈设之花瓶用珠球实现（左）

图 4–14 家具与陈设之花瓶用小药瓶实现（右）

3）坐便器模型的制作

坐便器模型制作的一般采用模具制作法，这种方法是先用黏土或石膏堆塑一个构件原型。待原型堆塑完成并干燥后，进行修整成为所

需形状，同时要注意表层的光洁度与形体的准确性，然后喷上白色自喷漆即可。

如果要制作不同材质或制作多个坐便器模型，就需制作模具，然后进行浇注或压印成型。首先制作模具，制作模具时先在其模型构件外层刷上较浓的肥皂液或脱模剂，以利于脱模。再用石膏来浇注阴模，在阴模浇注成型后，要小心地将模具内的构件原型清除掉。最后，用板刷和水清除模具内的残留物，并放置通风处进行干燥。

在模具制作完成后，我们便可以进行构件的浇注。一般常用的浇注材料有石膏、石蜡、玻璃钢、高岭土等。其中，容易掌握且最常用的是石膏。用石膏制作模型，价格低廉、工艺简单、效果逼真。要注意购买遇水凝固、硬化迅速的高强石膏。其浇注制作方法是先在模具内刷上较浓的肥皂液或脱模剂以便脱模，再将石膏粉放入容器中加水进行搅拌。膏体的强度取决于制作过程中混合时的配水量，同时还要注意搅拌时间、搅拌速度及搅拌均匀度。加水时要特别注意两者比例，若水分过多，则影响膏体的凝固；反之，则会出现未浇注膏体就凝固的现象。当我们把水与石膏搅拌成均匀的乳状膏体时，便可以进行浇注。浇注时，把液体均匀地倒入模具内。在浇注后，不要急于脱模，因为此时水分还未排除，强度非常低，若脱模过早，会产生碎裂。所以，在浇注后要等膏体完全固化，再进行脱模。脱模后便可以得到所需要制作的构件。若翻制的形体构件粗糙，可以在石膏完全干燥后进行打磨修整。

粘接石膏构件时，可将石膏浆放在粘接面上对接构件，稍候干燥即可。

4）家具、陈设模型的弯曲成型制作

家具、陈设模型的弯曲成型制作一般采用热加工制作法，热加工制作法是利用材料的物理耐温特性，通过加热、定型产生物体形态的加工制作方法。这种制作方法适用于有机玻璃板和塑料类材料并具有特定要求构件的加工制作。要把这些材料弯曲成型，一般先将材料放在微波炉、电烤箱中烤或用热水浸烫，也可以用高温电吹风机进行加热软化，有机玻璃一般加热至 80 ~ 100℃左右，PVC 板一般加热至 100 ~ 120℃左右。

ABS 板材的曲面成型方法：

首先在电炉上加热，加热时需要一个夹具固定或撑住使其软化变形，然后将软化后的 ABS 板材放置在所需形状的模具上，待稍微冷却定型后从模具中取出，最后修整加工制作出符合设计要求的模型。有的模型可将塑料板加温进行冲压定型。

室内家具与陈设模型制作时要注意其比例、尺度与室内空间大小的协调（常见家具设备尺寸如图 4–15、图 4–16 所示），反复观摩、推敲分析、不断修改来求得最佳效果。学会整体的多面化思考，并能对复杂的形态进行高度的概括和归纳，使模型成为具有一定形式美感的造型作品。

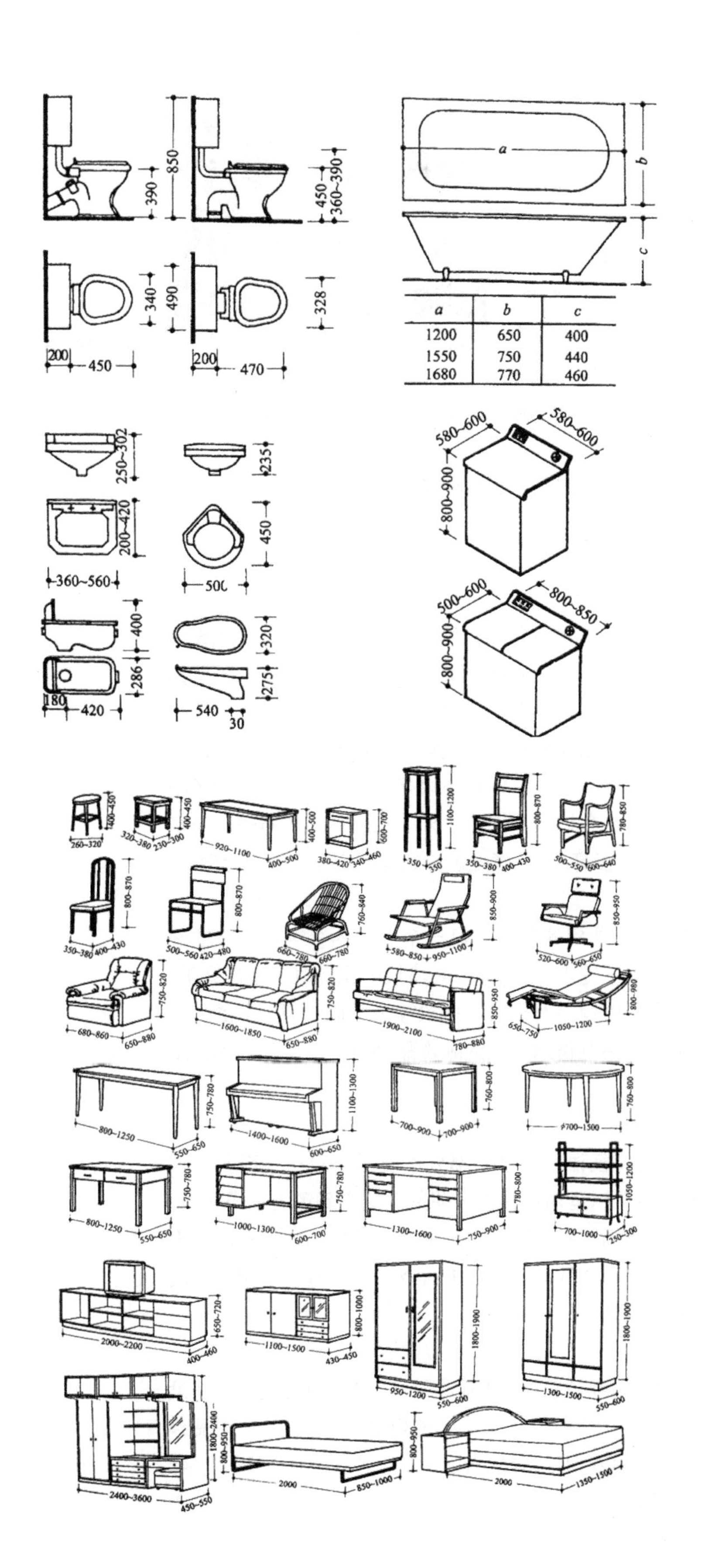

a	b	c
1200	650	400
1550	750	440
1680	770	460

图 4–15　常见室内设备尺寸

图 4–16　常见室内家具尺寸

12. 配景制作

模型制作中，配景制作可起到丰富、点缀环境和说明、指示等作用，它与周围环境有一种不可分割的联系，并与环境形成一种特定的氛围。配景制作包括很多因素，如与建筑临近的草地、树木、人物、车辆、灯柱、标题牌、指北针、比例尺等。配景制作要适度表现，追求形似，其标题牌的内容一般包括模型户型说明、比例说明、制作公司介绍等内容，其他具体制作见前面课题所述。

图 4–17　模型布盘

13. 布盘

布盘即对陈设品模型及配景模型等模型部件进行定位（图 4–17）。布盘要讲究整体性、和谐性、均衡性。

布盘设计要点：

（1）风格要明确

风格是作品富有特色的格调、气度、风姿。风格是一种表现形态，是设计师独特的审美见解通过独特的审美传达活动在作品中的一种体现。针对不同的使用对象，在室内环境模型设计中，明确营造它的主题，进行不同的设计风格制作。或体现在空间理念上，或体现某种意境，或体现文脉和本土文化。风格迥异，各放神采。在风格的选择上，可以选择传统风格或现代风格、中式风格或西式风格等。如中国传统民族文化以其博大的内涵、独特的审美意蕴和丰富的表现形式，给设计风格增添了很多亮点，使模型设计充满特色与主题设计意念。

（2）个性要鲜明

室内环境模型中必须有自己独到的东西。每一个细小的个性差异往往都能折射出模型制作者的修养和美学追求，因此室内环境模型设计时要个性鲜明。个性可以通过材料的选择、色彩的运用及家具的摆放等来表现，但更多的是通过蕴含着历史文化、风俗习惯和传统概念意义的陈设品来表现品位与内涵，塑造它的性格。

（3）重点要突出

室内环境模型具有自己的特征语言，每个部分不要平均对待，而要有重又次。如在客厅主题墙制作上，可以运用材料做一些造型或在颜色上给予强调，比如一整面墙绘制一整幅装饰绘画以突出整个客厅的装饰风格，提升室内环境空间的品质与神韵。有了视觉美点，其他三面墙就可以简单一些，如果都做成主题墙，就会给人杂乱无章的感觉。

（4）空间要巧用

室内环境模型中有不少角落容易被忽视。无论是卧室、客厅还是餐厅，在设计中要巧用空间，独具匠心，如可以在角落放置特制的角柜，摆放些小陈设品给予点缀，有利于调整布局和气氛，聚散相宜，体现出设计制作者创造力释放的智慧。

陈设品模型及配景模型等模型部件全部定位、粘贴完毕后，应放置在通风处进行干燥，干燥的时间一般随胶粘剂性能的不同而不同。

14. 总体调整

总体调整主要是根据实际视觉效果，在不改变总体方案的原则下，调整局部与整体的关系。整体调整要注意形式美法则的运用，诸如对称、平衡、节奏、韵律、对比、调和、尺度等，模型的色彩既要明快、丰富，又要和谐统一（图 4–18）。

图 4–18 模型调整成型

整体调整一般与制作相隔一定的时间为宜，连续制作在某种程度上容易造成视觉的疲劳感和麻木感，相隔一定的时间进行可以保持视觉新鲜感，把握整体概念意象，有助于创造个性鲜活的视觉作品。

4.3 案例分析

案例 4–1：某户型展示模型一（图 4–19）

作品在色调明快的主体基础上，辅以鲜艳的色彩给予点缀对比，色彩淡雅宁静又不失生动（模型制作：顾金华 陈晓伟，比例：1 ∶ 30）。

案例 4–2：某户型展示模型二（图 4–20）

作品运用中国传统国画进行装饰点缀，追根溯源，体现了地域文化的哲学思想和审美意识（模型制作：朱瀚威 吴红权 孙德猛，比例：1 ∶ 30）。

案例 4–3：某户型展示模型三（图 4–21）

图 4–19 某户型展示模型一（左）
图 4–20 某户型展示模型二（中）
图 4–21 某户型展示模型三（右）

作品通过不同虚实的界面巧妙组合，线条清晰，简约大方，色彩明快协调（模型制作：张雷 费尚军 丁明华 吴明明，比例：1 ∶ 30）。

［单元小结］

室内环境模型是根据建筑空间的使用性质和所处环境，运用物质技术手段和艺术处理手法，从内部把握空间，展示功能合理、满足人们物质和精神生活需要的室内环境的形象载体。本单元在前面模型设计与制作基础上，重点对室内环境模型中的家具陈设等模型制作做了讲述。主要针对建筑装饰工程技术及建筑室内设计专业同学设置。

［单元课业］

课业名称：某户型展示模型制作。

时间安排：共计 5 周（每周 8 ～ 10 学时连上）。

第 1 周，确定制作模型的图纸，拟定出模型制作方案；

第 2 周，模型工具、材料的准备，模型工艺图样的绘制；

第 3 周，模型的剪裁、拼接、打磨制作；

第 4 周，模型的细部制作；

第 5 周，模型的组装、完善、整理、拍摄、评价。

课业说明：以 4 ～ 6 人为单位小组，按照任务相应的比例和材料，按要求完成课业内容。

学生作业评分标准：

1. 形态要美观（10 分）；
2. 风格要明确（20 分）；
3. 个性要鲜明（10 分）；
4. 色彩要和谐（10 分）；
5. 重点要突出（20 分）；
6. 比例要准确（10 分）；
7. 做工要精细（20 分）。

课业要求：

1. 认真对待模型里的每个单独部件，如果对某些地方不满意，那就修改，并且力求完美。每个单独部件就好像一台机器中每个零部件的作用一样，合乎要求的部件才能组成相对完美的模型。

2. 要善于发现新的材料和学习新的制作设备与工艺技巧，求得最佳效果。

3. 做模型要有热情，要持之以恒，在制作中遇到的绝大多数困难都是可以克服的。

4. 在废旧模型上花些空余时间来练习你的弱项，提高对制作设备、加工手段的熟练程度和技术水平。

5. 尽可能多阅读模型制作的文章，提高理论知识水平。

6. 完成一个模型之后，要对其作品仔细研究，利用你所领悟到的技巧来使下一个做得更好。

7. 灵活地使用工具并爱惜工具，使用砂纸前尽可能切掉或者锯掉模型多余的部分。开始使用粗糙等级的砂纸而在最后使用细致等级的砂纸。

8. 建议模型制作之前，到图书馆进行资料查阅，增强室内环境认识；到市场楼盘售楼处参观众多优秀的作品案例，以增强模型整体的多元化思考，从而提高模型设计能力和审美能力。

3 模块三　拍摄欣赏篇

第一单元　建筑模型的拍摄

拍摄往往是许多建设项目实现资料积累和业绩展示的一种手段。因为这种拍摄以特定的模型为对象，所以，与一般的摄影有所不同。总的来说，要画面清晰、主体突出、背景协调、角度适宜、采光要正确。

学习目标：

1. 了解环境因素对模型作品的影响；
2. 掌握建筑模型的拍摄技巧；
3. 合理进行模型作品拍摄。

[相关知识]

1.1　摄影器材的选择

随着数码相机的出现，利用数码相机来进行拍摄可以及时看到所拍效果，可以及时对不满意的拍摄进行调整重拍，因此，方便快捷的数码相机就成为我们的首选。同时，我们可以选用便于构图和更换镜头的 135 相机（50mm 标准镜头），专业的 PC 镜头，它可以通过调焦来消除视差，将三维对象还原成二维平面影像。为便于室内外拍摄，可准备适当的三脚架等，如图 1-1 所示。

图 1-1　摄影器材：相机与三脚架

1.2　拍摄的取景构图

模型资料的表现效果如何在很大程度上取决于拍摄的取景构图。在拍摄模型时，要根据拍摄模型的大小和拍摄部位位置来确定拍摄中心进行取景构图，通过取舍将所要拍摄表现的内容合理地安排在画面中。同时，还要考虑到模型毕竟是缩微后的物体，一般是以俯视的角度来看的。如何将模型拍摄成近乎实物的效果，还需考虑拍摄的高度和视角的选择。

一般来说，要表现建筑单体模型的高大，拍摄时可适当降低视线，将镜头仰起拍摄，使建筑物向上引伸就能达到效果；对较长的建筑物或规模较大的模型，则可选在两个立面的相交处进行合理取景构图。对于规划类模型、园林景观类模型等，为反映总体布局状况，以高视点的鸟瞰拍摄为主(图 1-2 ~ 图 1-5)。

图 1-2　既要表现建筑的高大，又要表现建筑模型整体的拍摄，用降低视线来实现（左）

图 1-3　表现模型局部的拍摄用平视、靠近拍摄来实现（右）

图 1-4　表现群体建筑的拍摄要从高视点和两个立面的相交处的角度拍摄（左、中）

图 1-5　表现广场整体景观的拍摄要从高视点拍摄（右）

1.3　拍摄光的采用

为充分展现模型的空间效果和艺术效果，拍摄时，可以在室内进行，也可以在室外进行。如果在室内进行，最好采用室内自然光，拍摄地点应选在明亮宽敞的阴面房间内进行，以免光线杂乱影响拍摄，且最好不用相机闪光灯。而对一些为强调光影效果和特定背景的模型拍摄，则可以在室外的草坪或屋顶上拍摄。室外拍摄时，光线充足，光影效果强烈，色调鲜明，再配上实际的草坪、雪景、蓝天、白云等，照片会显得更丰富、真实，如图 1-6、图 1-7 所示。但一定要注意不要将人的影子拍进画面，更不能拍到模型上，如图 1-8 所示。

图 1-6　室外拍摄之一，自然光线拍摄下模型的色彩也是本色的

图 1-7　室外拍摄之二，雪景增加了照片的丰富性、真实性（左）
图 1-8　请不要将人的影子拍进画面，更不能拍到模型上（右）

1.4　拍摄背景的选择处理

背景对模型有烘托气氛的作用，因此，拍摄背景的好坏对模型拍摄来说，也是重要的因素。对拍摄背景的处理有如下方法：

1. 选用与模型色彩对比或互补的粗糙单色衬布作背景。

2. 选用与模型色彩对比或互补的渐变色纸作背景。渐变色纸可以买成品，也可以自己用水粉喷染而成。

3. 选用自然界的绿化环境为背景。此时，可以将背景拉虚，以产生朦胧感，减少对模型本身的影响。

4. 选用自然界的天空为背景。最好选择在天空中有云朵时进行拍摄，可增加背景的层次感。

5. 用电脑软件（如：Photoshop）进行处理。

如图 1-9、图 1-10 所示。

图 1-9　以自然界的天空为背景，无云有云的拍摄对比

图 1-10　用电脑软件 Photoshop 进行处理前后对比，后者的黑色背景与模型色彩的对比更加突出了模型效果

1.5 案例分析

案例 1–1：学生作品的拍摄（图 1–11）

图 1–11 学生作品的拍摄照片

拍摄优点：既有表现局部的，又有表现整体的，且注意了室外拍摄背景的选择。

缺点：缺乏建筑后半部分的拍摄，无法让别人知道建筑模型后半部分的情况。

[单元小结]

本单元主要从拍摄器材的选用、拍摄的取景构图、拍摄光的采用、拍摄背景的选择处理四个方面讲述了关于模型的拍摄，作为加强学生对模型作品认识的重要环节，旨在提高学生在模型方面的欣赏能力。

[单元课业]

课业名称：模型作品拍摄。

时间安排：半天。

课业说明：以 4 ~ 6 人为单位小组，按要求完成课业内容。

学生作业评分标准如下：

1. 拍摄画面是否清晰、取景构图是否合适、是否从各个角度拍摄表现出整个模型状态（50分）；

2. 背景的选择处理是否协调（30分）；

3. 评析是否恰当（20分）。

课业要求：

1. 拍摄画面清晰、取景构图合适。

2. 拍摄要反映出模型的整体和局部状态。

3. 背景的选择处理要协调。

课业过程提醒：

1. 为小组所做的模型作品选择恰当的环境、视角进行拍摄。

2. 注意根据模型的具体情况进行构图处理。

3. 注意根据模型的具体情况进行拍摄背景处理。

第二单元　建筑模型的欣赏

建筑模型作为图纸与实体之间的桥梁，是缩微了的艺术世界。作为一种造型艺术，建筑模型不仅利用材料、技艺、氛围的营造等为建筑师提供了最有力的表现，是建筑发展和规划设计的需要，在工程领域发挥着重要的交流作用，而且，优秀的模型作品甚至可以作为历史艺术品被珍藏。

学习目标：

1. 了解建筑模型的欣赏美学因素；
2. 对模型作品进行审美设计与欣赏。

[相关知识]

2.1　欣赏建筑模型的美学因素

在模型设计制作中，如何把握与欣赏这种造型艺术，制作出优秀的建筑模型作品，是与建筑模型中的几个美学因素分不开的。

1. 形态、比例关系要准确

通过建筑环境模型比例准确的三维立体形态，我们可以感知出建筑环境的空间和形象，比如建筑体量的大小，建筑的高低、前后关系，场地的空旷与狭小，绿化面积的大小，建筑小品的精致高雅等。在体现模型的形态时，无论是采用直线还是曲线，无论是采用平面还是曲面，关键是要准确表达模型的形态，一定程度上，更要运用立体构成在模型表现中的知识，使建筑环境模型的艺术形象给人以美感。同时，在同一模型内，主体与配景、主体与主体的连接等关系的比例应该大体一致。极个别可以做特殊处理，但一定要在整体上看上去很舒服。很难想象一个形态、比例关系不准确的模型会给人以美感。比如：在广场上配置人物时，人物的高度都达到了三层楼高。此时，根据模型人们就很难把握真正的空间大小（图 2–1）。

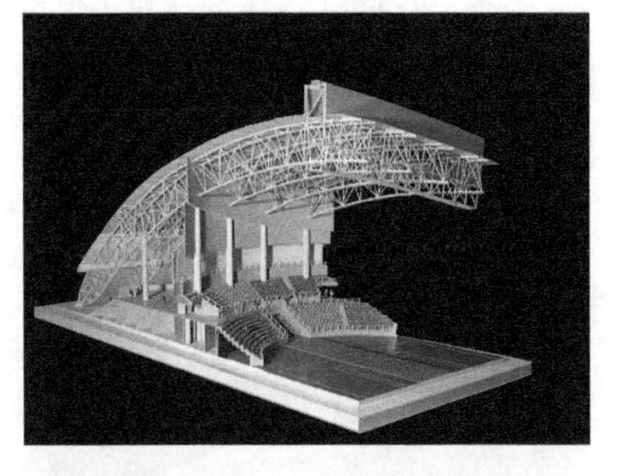
图 2–1　形态、比例关系准确的体育馆模型

2. 色彩要和谐

色彩是人们在欣赏建筑环境模型时，非常直观的一种感受因素。在制作模型的过程中，就要充分结合模型主题表现的风格给予考虑。整个模型

图 2–2　模型色彩的协调统一和灯光效果的渲染会使模型的造型艺术得到升华

的色彩要协调统一，避免杂乱无章。很难想象一个色彩大杂烩的模型会引起人们的好感。我们可以利用材料本身的色彩肌理，也可以利用喷涂、调色等手段来达到模型色彩和谐的目的。当然，模型色彩的运用需要掌握一定的色彩基本理论知识和色彩的属性特点。比如，调和色、对比色、补色的形成。同时，还要考虑影响模型色彩运用的各种因素：尺度、工艺、光线等（图 2–2）。

3. 质感要强

质感很强的模型给人一种逼真的感觉，仿佛身临其境。其实，也就是模型的真实程度问题。而这种质感的体现一方面靠材料本身的特性，另一方面还要靠一些技艺处理。比如，一个古建筑模型往往用木材质来体现，而当你用喷漆的办法给一些木材喷上银色时，谁又说它不是现代建筑的很好体现呢？当然，模型的质感虽然强调真实，是来源于生活，却又是高于生活的，我们不能照搬实际生活，而是要通过一定的细心观察，巧妙利用生活中的材料创造出模型的质感美，使模型制作达到较高的艺术效果（图 2–3）。

4. 做工要精致

做工精致的模型常常会引起人们由衷的赞叹。做工精致主要指模型制作过程中的技艺处理。比如，尺寸量取是否精心计算好，线条的裁切边缘是否整齐干净，各个部位的粘接是否牢固整洁，对缝是否严密，本应该垂直的房屋是否扭曲等都会影响到模型的效果。同时，一些细部的处理更能让模型展现出风采，比如，建筑单体模型中一些建筑细部的刻画是否精细，较小的配景处理是否精美逼真等。另外，底盘的配置是否协调美观，标签（标题、比例）、指北针的制作是否规范、艺术、美观等也都是模型做工精致的体现（图 2–4）。

图 2–3　质感很强的模型给人一种逼真的感觉，仿佛身临其境（左）

图 2–4　做工精致的模型（右）

5. 模型的氛围效果要好

根据模型的用途不同，良好的氛围营造更会增加模型的欣赏情趣和美感享受。尤其在设计方案报批、房产销售展示以及一些建筑历史名胜现场，在整洁合适的空间内，利用现代科技手段，为精致的模型配备上相应的声、光、影视等动态的氛围效果，模型的造型艺术就会得到一种升华。因此，优秀的模型是善于利用氛围营造来体现其艺术效果的。而良好的建筑美学与设计美学知识更是不可缺少的（图 2–5）。

图 2–5　招牌、汽车、透明材质、灯光效果的综合运用完全制造出汽车销售展厅的繁华与现代

2.2　案例分析

案例 2–1：建筑单体模型欣赏（图 2–6 ～图 2–13）

图 2–6　徐州某法院模型，建筑墙体和玻璃色彩搭配和谐，狮子、汽车饰品的运用更加增添了模型的真实感

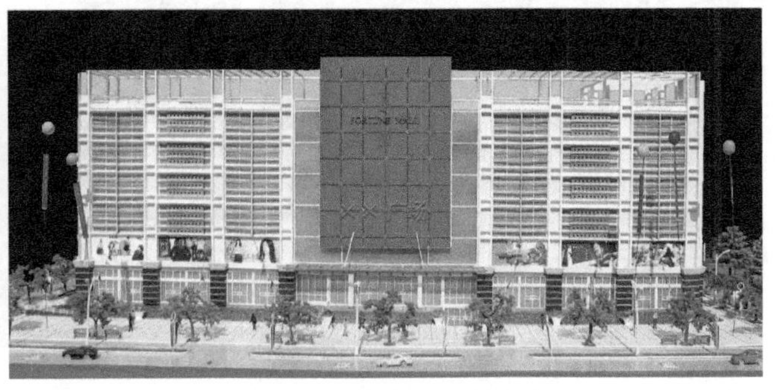

图 2–7　徐州某广场模型，墙面贴画和招牌的设置以及气球模型的运用都为该模型的商业氛围增色不少

图 2–8　民族园入口方案模型，该模型以空透灵动的造型为方案提供最直观的感受（左）

图 2–9　广东省电视台二期工程模型局部刻画细致逼真，比例、尺度合理（右）

图 2–10　车天车地模型用暖色调体现出一派繁华热闹的景象（左）

图 2–11　松霏花园别墅模型用木本色营造一种温暖（右）

图 2-12　湖森堡别墅模型，设施小品和水体的环境设计为该别墅模型增添了不少田园风光气息（左）

图 2-13　久隆凤凰城别墅模型，雪景的制造为该模型增添了不少情趣和联想（右）

案例 2-2：群体规划模型欣赏（图 2-14 ~ 图 2-23）

图 2-14　小区规划模型的整个色彩协调统一，韵律感很强（左）

图 2-15　小区规划模型中，整齐统一的建筑风格和环境设置相得益彰（右）

图 2-16　徐州天山绿洲模型，硕大的盘面内高楼林立，气势非凡，同时，下沉广场的设置更为环境的设计增添了活力（左）

图 2-17　在灯光效果下，整个建筑群模型色彩显得清新有序，给人以美感（右）

图 2-18　建筑灯光与环境灯光的共同作用，使整个盘面增色不少（左）

图 2-19　规划中的建筑风格统一，与环境相协调（右）

图 2–20　群体规划方案中的道路绿化树木采用圆球抽象的表现方式（左）

图 2–21　区域规划中强调各建筑的类型与位置（右）

图 2–22　壁挂模型中的灯光很好地强调了规划中各城市之间的水路交通联系（左）

图 2–23　壁挂模型与沙盘模型、多媒体等很好结合，更好地显示出规划中的设计理念（右）

案例 2–3：园林景观模型欣赏（图 2–24 ~ 图 2–29）

图 2–24　结合山地考虑的园林景观模型，山地的层叠以及建筑景观的灯光增加了模型的观感（左）

图 2–25　大面积的绿化统一了该园林景观的基调，同时，活泼的建筑小品形式成为视觉的焦点（右）

图 2–26　典型的景观小品模型利用十二生肖玩具制成，很是活泼（左）

图 2–27　花架、水体、广场、绿化的造型艺术地展现出该区域场地内的舒适环境（右）

图 2-28　某小区内休闲广场的景观规划模型中，层次丰富的绿化营造出该小区的良好环境（左）

图 2-29　彩色树木、路灯、地灯的效果更加增添了以水体为中心的景观可看度（右）

案例 2-4：室内环境模型欣赏（图 2-30～图 2-35）

图 2-30　通过不同的材质巧妙组合，淡绿色的餐桌、餐椅的运用增强了室内模型空间的性格，整体造型具有通透感、现代感（左）

图 2-31　家具与陈设的色彩使空间沉稳起来（右）

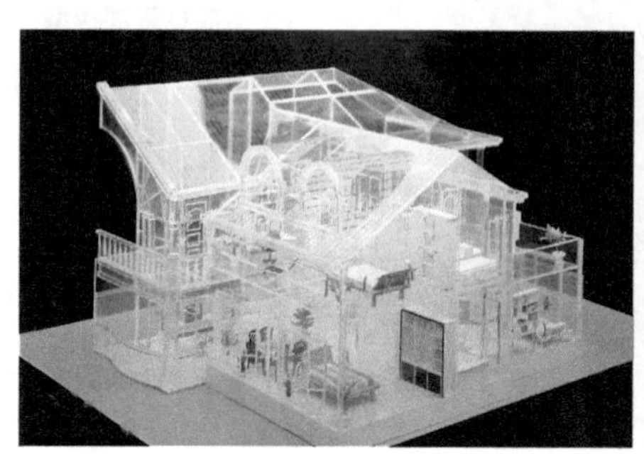

图 2-32　运用有机玻璃材质制作，模型如水晶般玲珑剔透，空间含蓄张扬，具有视觉穿透力（左）

图 2-33　家具与陈设的逼真使空间生动起来（右）

图 2-34　不同材质巧妙组合交叉，卵石、水体、植物的结合，传递一种轻松惬意的设计主题（左）

图 2-35　圆柱采用有机玻璃棒材质，营造出汽车展厅的现代时尚（右）

[单元小结]

本单元从五个美学因素——形态、比例关系要准确，色彩要和谐，质感要强，做工要精致，模型的氛围效果要好——讲述了建筑模型欣赏的要领。同时，也为建筑模型设计与制作奠定良好的审美基础。

[单元课业]

课业名称：对小组模型作品评价欣赏，思考模型与艺术之间的关系。

时间安排：半天。

课业说明：以 4 ~ 6 人为单位小组，完成模型作品的自评和互评。

课业要求：

1. 评价要客观、公正。
2. 对模型作品的优缺点必须明确，并提出修整建议。
3. 每人都要参与评价。

课业过程提醒：

1. 注意美学影响因素的运用。
2. 注意环境因素对模型作品的欣赏影响。

附录1 《建筑模型设计与制作》课程标准

1. 课程描述

（1）课程性质

《建筑模型设计与制作》课程是建筑设计专业的一门专业基础课。通过学习建筑模型设计制作，让学生熟悉模型制作材料的特性及表现、建筑设计图与模型之间的关系，培养学生的空间造型思维能力与形体组合造型能力，能够解决模型设计制作员通过模型来准确表达设计意图的问题。

（2）课程设计理念

以能力培养为主线，以行动为导向，以工作任务为载体构建课程教学方案，体现职业教育的特色，具有很强的可操作性。

（3）课程设计思路

《建筑模型设计与制作》课程是以项目工作任务为载体，以职业能力培养为核心，按照模型制作过程来组建教学内容。内容组织针对设计典型的工作过程导出"行动领域"，再经教学整合形成"学习领域"，并通过具体的"学习情境"来实施，既培养了学生的专项能力，又锻炼了学生的思维能力、分析能力、判断能力、决策能力、获取信息能力、继续学习能力、开拓创新能力、独立制定计划能力，同时通过分组实施的形式来锻炼学生的组织协调能力、团队协作能力等。

2. 课程目标

（1）课程总目标

1）能够读懂建筑图，理解建筑师设计思想及设计意图；

2）能够进行正确的模型材料选用及加工；

3）能够计算模型缩放比例；

4）能够制定模型制作工艺流程；

5）能够制作模型。

能够解决模型设计制作员对建筑单体、群体规划、园林景观、户型展示等模型的设计与制作问题。

（2）课程单元目标

1）认识模型：掌握模型的概念，理解模型制作的意义及作用、模型设计制作员应备的能力素质、建筑模型项目运作情况；

2）模型制作准备：掌握模型图纸识读，掌握各种材料的性质和特点、表现，了解模型制作工具与设备使用；

3）群体规划模型设计与制作：掌握群体规划模型设计与制作的步骤、各模型要素，如：地形、道路、绿化、设施、标题、灯光、色彩、群体规划等设计与制作方法；

4）建筑单体模型设计与制作：掌握建筑单体模型设计与制作的步骤、各模型要素，如：地形、道路、绿化、设施、标题、灯光、色彩、建筑细部等设计与制作方法；

5）户型展示模型设计与制作：掌握户型展示模型设计与制作的步骤、方法；户型展示模型中的配景制作、色彩、比例设计；

6）园林景观模型设计与制作：掌握园林景观模型设计与制作的步骤、方法；园林景观模型中的配景制作、绿化、色彩、比例设计；

7）模型的拍摄与欣赏：掌握模型拍摄的技巧、欣赏方法。

3. 课程内容与实施建议

学习情境一：群体规划模型设计与制作（基本学时：30学时）

（1）主要内容

模型的概念，模型制作的意义及作用；模型图纸识读，各种材料的性质和特点、表现，模型制作工具与设备使用；群体规划模型设计与制作的步骤、各模型要素，如：地形、道路、绿化、设施、标题、灯光、色彩、群体规划等设计与制作方法。

（2）教学要求

通过小组项目教学和实训讨论等实现教学。使学生理解模型的概念，模型制作的意义及作用，掌握模型图纸识读，各种材料的性质和特点、表现，群体规划模型设计与制作的步骤、各模型要素，如：地形、道路、绿化、设施、标题、灯光、色彩、群体规划等设计与制作方法；掌握群体规划模型拍摄的技巧、欣赏方法。

（3）课程教学"情境"建议

参观模型公司现场及作品，对群体规划建筑模型产生感性认识和理解。在模型工作室按照工作过程进行实训，并对过程填写评价表。

学习情境二：建筑单体模型设计与制作（基本学时：30学时）

（1）主要内容

建筑单体模型设计与制作的步骤、各模型要素，如：地形、道路、绿化、设施、标题、灯光、色彩、建筑细部等设计与制作方法。

（2）教学要求

通过小组项目教学和实训讨论等实现教学。建筑单体模型设计与制作的步骤、各模型要素，如：地形、道路、绿化、设施、标题、灯光、色彩、建筑细部等设计与制作方法；掌握单体模型拍摄的技巧、欣赏方法。

（3）课程教学"情境"建议

参观模型公司现场及作品，对建筑单体模型产生感性认识和理解。在模型工作室按照工作过程进行实训，并对过程填写评价表。

学习情境三：户型展示模型设计与制作／园林景观模型设计与制作（选学）

4. 课程考核

成果评定70%，教师评价20%，自我评价10%。综合成绩分为优秀、良好、中、及格和不及格五个等级。

5. 主要教学参考书目

（1）孟春芳. 环境模型制作[M]. 南京：江苏美术出版社，2007.

(2) 范凯熹．建筑与环境模型设计制作[M]．广州：广东科技出版社，1996．

(3) 李敬敏．建筑模型设计与制作[M]．北京：中国轻工业出版社，2001．

(4) 王双龙．环境设计模型制作艺术[M]．天津：天津人民美术出版社，2005．

(5) 朴永吉，周涛．园林景观模型设计与制作[M]．北京：机械工业出版社，2006．

附录2 《建筑模型设计制作员》（四级）操作技能鉴定要素细目表

<table>
<tr><td colspan="4">职业（工种）名称</td><td>建筑模型设计制作员</td><td rowspan="2">等级</td><td rowspan="2">四级</td></tr>
<tr><td colspan="4">职业代码</td><td colspan="2"></td></tr>
<tr><td rowspan="2">序号</td><td colspan="3">鉴定点代码</td><td rowspan="2" colspan="2">名称·内容</td><td rowspan="2">重要系数</td><td rowspan="2">备注</td></tr>
<tr><td>项目</td><td>单元</td><td>细目</td></tr>
<tr><td></td><td>1</td><td></td><td></td><td colspan="2">转换图样</td><td></td><td></td></tr>
<tr><td></td><td>1</td><td>1</td><td></td><td colspan="2">识图</td><td></td><td></td></tr>
<tr><td>1</td><td>1</td><td>1</td><td>1</td><td colspan="2">能读懂建筑平面图、立面图、剖面图</td><td>5</td><td></td></tr>
<tr><td>2</td><td>1</td><td>1</td><td>2</td><td colspan="2">能读懂建筑施工详图</td><td>1</td><td></td></tr>
<tr><td>3</td><td>1</td><td>1</td><td>1</td><td colspan="2">建筑制图与将建筑图转换成模型制作图</td><td>9</td><td></td></tr>
<tr><td></td><td>1</td><td>2</td><td></td><td colspan="2">绘制工艺图样</td><td></td><td></td></tr>
<tr><td>4</td><td>1</td><td>2</td><td>1</td><td colspan="2">能确定工艺尺寸</td><td>9</td><td></td></tr>
<tr><td>5</td><td>1</td><td>2</td><td>2</td><td colspan="2">能确定模型拼装关系</td><td>9</td><td></td></tr>
<tr><td>6</td><td>1</td><td>1</td><td>4</td><td colspan="2">能将建筑图转换成模型制作图</td><td>9</td><td></td></tr>
<tr><td></td><td>2</td><td></td><td></td><td colspan="2">制作模型</td><td></td><td></td></tr>
<tr><td></td><td>2</td><td>1</td><td></td><td colspan="2">建筑物模型制作</td><td></td><td></td></tr>
<tr><td>7</td><td>2</td><td>1</td><td>1</td><td colspan="2">能根据图纸下料</td><td>9</td><td></td></tr>
<tr><td>8</td><td>2</td><td>1</td><td>2</td><td colspan="2">能拼接立体模型</td><td>9</td><td></td></tr>
<tr><td>9</td><td>2</td><td>1</td><td>3</td><td colspan="2">能制作建筑物模型墙面、立柱、屋顶、门窗、楼梯等</td><td>9</td><td></td></tr>
<tr><td>10</td><td>2</td><td>2</td><td></td><td colspan="2">建筑环境模型制作</td><td></td><td></td></tr>
<tr><td>11</td><td>2</td><td>2</td><td>1</td><td colspan="2">能制作建筑模型的地形地貌</td><td>9</td><td></td></tr>
<tr><td>12</td><td>2</td><td>2</td><td>2</td><td colspan="2">能制作建筑环境模型中的桥梁、围墙、栅栏等</td><td>9</td><td></td></tr>
<tr><td>13</td><td>2</td><td>2</td><td>3</td><td colspan="2">能配置建筑环境模型的绿化物</td><td>9</td><td></td></tr>
<tr><td></td><td>3</td><td></td><td></td><td colspan="2">表现模型的艺术效果</td><td></td><td></td></tr>
<tr><td></td><td>3</td><td>1</td><td></td><td colspan="2">配色和涂装</td><td></td><td></td></tr>
<tr><td>14</td><td>3</td><td>1</td><td>1</td><td colspan="2">能调配色彩</td><td>9</td><td></td></tr>
<tr><td></td><td>3</td><td>2</td><td></td><td colspan="2">模型表面涂装处理</td><td></td><td></td></tr>
<tr><td>15</td><td>3</td><td>2</td><td>1</td><td colspan="2">能对建筑模型表面进行预处理</td><td>9</td><td></td></tr>
<tr><td>16</td><td>3</td><td>2</td><td>2</td><td colspan="2">能对建筑模型表面进行涂装处理</td><td>9</td><td></td></tr>
<tr><td>17</td><td>3</td><td>2</td><td>3</td><td colspan="2">能对建筑模型表面进行装饰后处理</td><td>9</td><td></td></tr>
</table>

参考来源：上海市职业培训研究发展中心

附录3 《建筑模型设计制作员》（五级）操作技能鉴定要素细目表

职业（工种）名称				建筑模型设计制作员	等级	五级
职业代码						
序号	鉴定点代码			名称·内容	重要系数	备注
	项目	单元	细目			
	1			建筑模型的制作		
	1	1		识图知识		
1	1	1	1	能识读三视图	5	
2	1	1	2	能读懂尺寸标注和尺寸比例	5	
	1	2		识别建筑物模型材料		
3	1	2	1	能识别建筑物模型结构材料	5	
4	1	2	2	能识别建筑物模型装饰材料	5	
5	1	2	3	能识别建筑物模型黏合材料	5	
	1	3		制作模型		
6	1	3	1	能下料	9	
7	1	3	2	能剪裁模型材料	9	
8	1	3	3	能拼接模型	9	
9	1	3	4	能打磨模型	9	
	1			建筑环境模型制作		
	1	4		识别建筑环境模型材料		
10	1	4	1	能识别制作树木的材料	5	
11	1	4	2	能识别制作草地的材料	5	
12	1	4	3	能识别制作建筑物环境模型黏合材料	5	
	1	5		制作建筑模型环境模型		
13	1	5	1	能制作树叶原料	9	
14	1	5	2	能制作7种类型的树	9	
15	1	5	3	能粉碎和筛选草粉原料	9	
16	1	5	4	能对草粉染色	9	
17	1	5	5	能对地面进行上色	9	
18	1	5	6	能制作3种类型的草地	9	

参考来源：上海市职业培训研究发展中心

附录 4 《建筑模型设计制作员》（四级）鉴定方案

1. 鉴定方式

建筑模型设计制作员（四级）鉴定方式采用现场实际操作方式进行。考核分为 1 个模块，考核实行百分制，成绩达 60 分及以上者为合格。不及格者可按规定补考。

2. 考核方案

考核模块表

<table>
<tr><td colspan="2">职业（工种）名称</td><td colspan="2">建筑模型设计制作员</td><td rowspan="2">等级</td><td colspan="3" rowspan="2">四级</td></tr>
<tr><td colspan="2">职业代码</td><td colspan="2"></td></tr>
<tr><td>序号</td><td>模块名称</td><td>单元编号</td><td>单元内容</td><td>考核方式</td><td>选考方法</td><td>考核时间(min)</td><td>配分</td></tr>
<tr><td rowspan="7">1</td><td rowspan="7">建筑与建筑环境模型制作</td><td>1</td><td>将三视图转换成模型制作图下料</td><td rowspan="7">操作</td><td rowspan="7">必考</td><td rowspan="7">210</td><td rowspan="7">100</td></tr>
<tr><td>2</td><td>裁剪材料</td></tr>
<tr><td>3</td><td>拼接立体模型</td></tr>
<tr><td>4</td><td>打磨立体表面</td></tr>
<tr><td>5</td><td>环境模型的场地制作</td></tr>
<tr><td>6</td><td>制作等高线、道路、草地</td></tr>
<tr><td>7</td><td>制作树</td></tr>
<tr><td colspan="6">合　计</td><td>210</td><td>100</td></tr>
<tr><td>备注</td><td colspan="7"></td></tr>
</table>

参考来源：上海市职业培训研究发展中心

附录5 《建筑模型设计制作员》（五级）鉴定方案

1. 鉴定方式

建筑模型设计制作员（五级）鉴定方式采用现场实际操作方式进行。考核分为1个模块，考核实行百分制，成绩达60分及以上者为合格。不及格者可按规定补考。

2. 考核方案

考核模块表

<table>
<tr><td colspan="2">职业（工种）名称</td><td colspan="2">建筑模型设计制作员</td><td rowspan="2">等级</td><td colspan="4" rowspan="2">五级</td></tr>
<tr><td colspan="2">职业代码</td><td colspan="2"></td></tr>
<tr><td>序号</td><td>项目名称</td><td>单元编号</td><td colspan="2">单元内容</td><td>考核方式</td><td>选考方法</td><td>考核时间(min)</td><td>配分</td></tr>
<tr><td rowspan="3">1</td><td rowspan="3">建筑与建筑环境模型制作</td><td>1</td><td colspan="2">按图纸要求下料</td><td rowspan="3">操作</td><td rowspan="3">必考</td><td rowspan="3">150</td><td rowspan="3">100</td></tr>
<tr><td>2</td><td colspan="2">按图纸要求拼接模型</td></tr>
<tr><td>3</td><td colspan="2">制作树</td></tr>
<tr><td colspan="7">合　计</td><td>150</td><td>100</td></tr>
<tr><td>备注</td><td colspan="8"></td></tr>
</table>

参考来源：上海市职业培训研究发展中心

附录6　建筑模型设计制作员（四级）模块式一体化鉴定试题单

试题代码：1.1.1

试题名称：制作空心立体模型和建筑环境模型。

规定用时：210分钟

操作条件：

(1) 工作台、工作椅

(2) ABS塑料板材料（1mm）、胶粘剂

(3) 美工刀、勾刀、锉刀（大、小）、砂纸（粗、细）

(4) 铅笔、三角尺、钢直尺、角尺、圆规、橡皮

(5) 制作树木材料（草粉、白胶、铜丝）

(6) 制作草地材料（草茸、白胶）

(7) 5mm泡沫板

用ABS塑料板，制作空心立体模型

1. 操作内容

(1) 将图纸转换成模型制作图。

(2) 按模型制作图裁剪ABS塑料板材。

(3) 将裁剪好的ABS塑料板材，拼接成符合图纸要求的立体模型。

(4) 打磨立体模型表面。

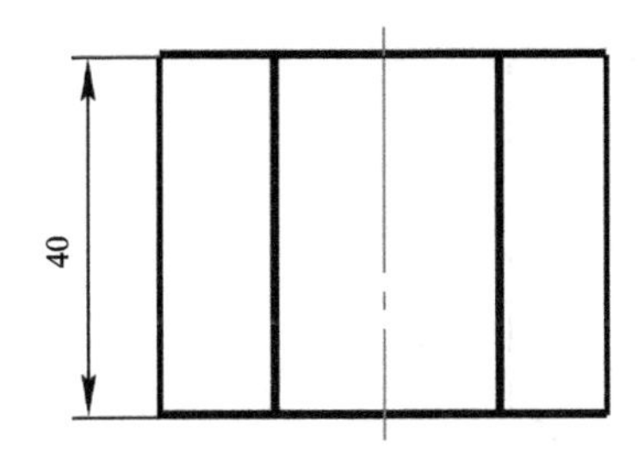

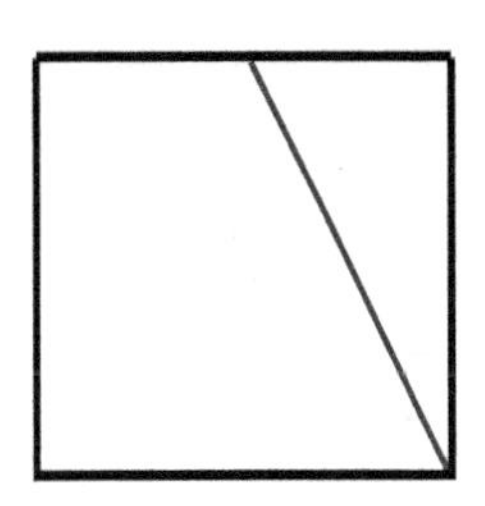

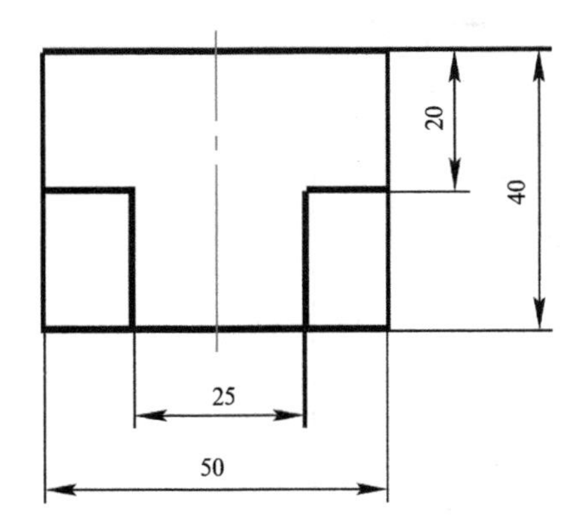

2. 操作要求

（1）转换成模型制作图要求：

转换成模型制作图要保证材料拼接、打磨后，满足图纸要求，并能合理使用材料。

（2）裁剪 ABS 塑料板材要求：

根据模型制作图裁剪 ABS 塑料板材，要求尺寸准确，形体正确、完整，形体线条平直。

（3）拼接立体模型：

用合适的胶粘剂，将裁剪好的 ABS 板料拼接成立体模型，要求各个部位粘接要正确、牢固、平整。

（4）打磨立体模型表面：

用砂纸和锉刀打磨立体模型表面，对模型表面进行清理，去毛刺、刀痕、锉痕；将尺寸打磨修正到图纸要求，并要求立体模型表面光滑，平整。

（5）在模型表面上写上准考证号码。

制作建筑环境模型

1. 操作内容

按给定的图纸，制作 200mm × 200mm 的建筑场地模型，包括：

（1）用泡沫板制作环境底盘和楼房。

（2）根据图纸，在底盘上制作等高线、道路和草地（除道路外，铺上草粉）。

（3）在环境中，适当配置树木（用海绵材料制作）。

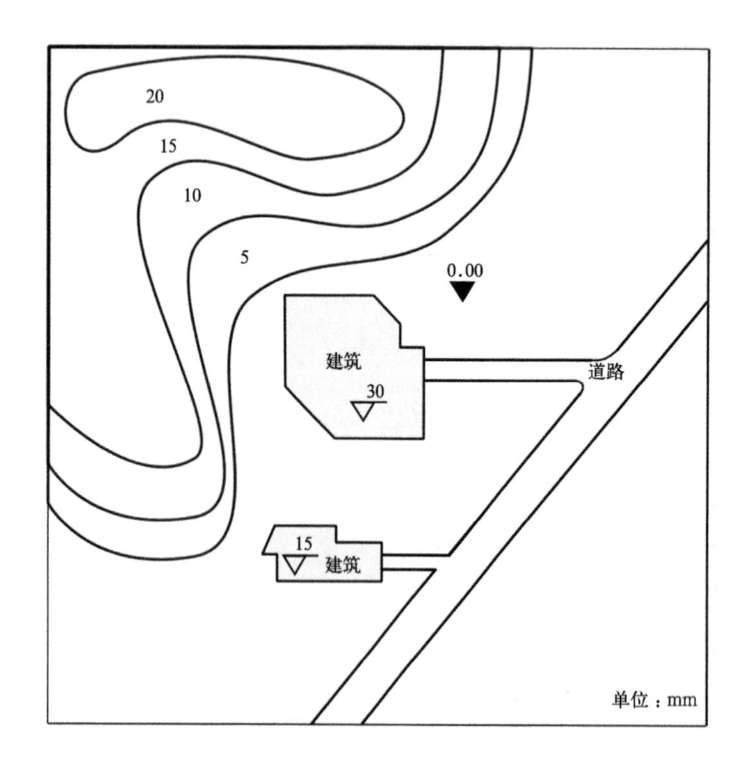

2. 操作要求

（1）制作底盘和楼房要求：

制作 200mmx200mm 泡沫底盘，根据图纸，按比例裁剪和制作楼房，并将楼房固定在图纸指定的位置。要求底盘尺寸正确。

（2）制作等高线、道路和草地要求：

在 200mm × 200mm 底盘上，根据图纸，按比例用泡沫板表现等高线，除道路外，都需铺上草粉。要求等高线、道路、草地的形状、位置与图纸相符，草粉铺植均匀、和谐。

（3）制作环境中树的要求：

根据建筑环境的特点，在环境中配置用海绵材料制作的树，树的形状、数量和放置的位置自定。要求树造型优美、比例适当，树的数量和布局恰当。

（4）在底盘表面上写上准考证号码。

参考来源：上海市职业培训研究发展中心

附录7 建筑模型设计制作员（五级）模块式一体化鉴定试题单

试题代码：1.1.1

试题名称：制作立体模型和树模型。

规定用时：150分钟

操作条件：

(1) 工作台、工作椅

(2) ABS塑料板材料

(3) 锉刀（小型）、砂纸（粗、细）

(4) 美工刀、勾刀

(5) 铅笔、三角尺、钢直尺、角尺、圆规、橡皮

(6) 制作树木材料：直径为0.1mm和0.2mm的铜丝、各色草粉、白胶

用ABS塑料板，制作立体模型

1. 操作内容

(1) 根据零件图要求尺寸裁剪ABS塑料板材。

(2) 根据装配图，将裁剪好的ABS塑料板材，拼接成立体模型。

(3) 打磨立体模型表面。

2. 操作要求

(1) 裁剪ABS塑料板材：

根据零件图，在规定的材料上划线，裁剪，要求保证接口位置正确、裁剪尺寸准确，边线平直。

(2) 拼接立体模型：

根据装配图，将裁剪好的ABS板料插接成立体模型，要求形体正确，各个部位插接正确、牢固、平整。

(3) 打磨立体模型表面：

用砂纸和锉刀打磨立体模型表面，对模型表面进行清理：去毛刺、刀痕、线痕；要求无毛刺，手感平整，制作精细。

(4) 在模型表面写上姓名与准考证号码。

制作建筑环境模型中的梧桐树和白桦树

1. 操作内容

(1) 选用材料，制作梧桐树。

(2) 选用材料，制作白桦树。

2. 操作要求

(1) 制作梧桐树要求：

分别按1 ∶ 20、1 ∶ 50、1 ∶ 100的比例要求，制作5m高的梧桐树3颗，

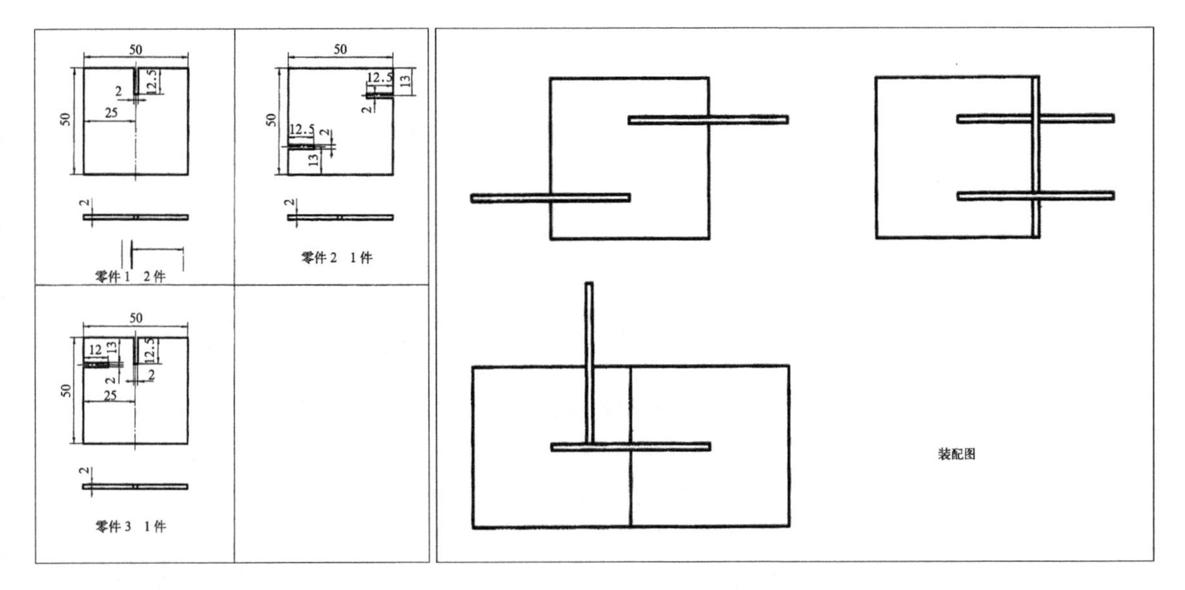

要求选材合理，造型优美逼真，树干、枝叶比例协调，制作精细。

（2）制作白桦树要求：

分别按1：20、1：50、1：100的比例要求，制作4m高的白桦树3颗，要求选材合理，造型优美逼真，树干、枝叶比例协调，制作精细。

参考来源：上海市职业培训研究发展中心

参考文献

[1] 郎世奇．建筑模型设计与制作 [M]. 北京：中国建筑工业出版社，1998.

[2] 范凯熹．建筑与环境模型设计制作 [M]. 广州：广东科技出版社，1996.

[3] 李敬敏．建筑模型设计与制作 [M]．北京：中国轻工业出版社，2001.

[4] 王双龙．环境设计模型制作艺术 [M]．天津：天津人民美术出版社，2005.

[5] 朴永吉，周涛．园林景观模型设计与制作 [M]．北京：机械工业出版社，2006.

[6] 孟春芳，环境模型制作 [M]. 南京：江苏美术出版社，2007.

[7] 褚海峰，黄鸣放，崔丽丽．环境艺术模型制作 [M]. 合肥：合肥工业大学出版社，2007.

[8] 郑建启．模型制作 [M]. 武汉：武汉理工大学出版社，2001.

[9] 中国就业培训技术指导中心．建筑模型设计制作员 [M]，北京：中国劳动社会保障出版社，2008.